# 上海环球金融中心 101 层桩筏基础现场测试 综合研究

赵锡宏　龚　剑　张保良
肖俊华　汤永净　周　虹　著

中国建筑工业出版社

图书在版编目(CIP)数据

上海环球金融中心 101 层桩筏基础现场测试综合研究/赵锡宏
等著. —北京：中国建筑工业出版社，2014.4
ISBN 978-7-112-16573-5

Ⅰ.①上… Ⅱ.①赵… Ⅲ.①国际金融中心-桩筏基础-施工
现场-测试-上海市 Ⅳ.①TU247.1②TU473.1

中国版本图书馆 CIP 数据核字(2014)第 052581 号

本书主要针对上海环球金融中心桩筏基础的现场测试进行了分析研究，此次现场试验包括：变形、基底土压力、桩基反力、筏基钢筋应力、混凝土应力和孔隙水压力等测量。同时，应用高层建筑与地基基础共同作用理论和相关理论对现场试验数据进行了精辟的论证和阐述，其研究成果将对超高层建筑桩筏基础设计起到指导和借鉴作用。

本书适用于建筑设计、施工技术人员、现场测试人员及相关专业高校师生参考使用。

责任编辑：郦锁林　朱晓瑜
责任设计：董建平
责任校对：李美娜　王雪竹

**上海环球金融中心**
**101 层桩筏基础现场测试综合研究**

赵锡宏　龚　剑　张保良
肖俊华　汤永净　周　虹　　著
*
中国建筑工业出版社出版、发行（北京西郊百万庄）
各地新华书店、建筑书店经销
北京科地亚盟排版公司制版
廊坊市海涛印刷有限公司印刷
*
开本：787×1092 毫米　1/16　印张：11　字数：280 千字
2014 年 11 月第一版　　2014 年 11 月第一次印刷
定价：**28.00** 元
ISBN 978 - 7 - 112 - 16573 - 5
　　　　　（25423）

# 前　言

　　现场测试是科学研究中一项非常重要而艰辛的工作，数十年来的研究经验告诉我们"实践是源泉，理论是基础，方法是工具，应用是目的"，可充分说明现场测试在科学研究中的核心地位。现场测试受到各种复杂因素的影响，很难保证百分之百成功，获得的有效数据是研究工作者辛勤劳动的心血结晶，因此，可以这样说，现场试验成果是永恒的宝贵财富。

　　对于高层建筑，尤其是超高层建筑的桩筏基础现场测试研究，像上海环球金融中心在世界上是最高的建筑之一，进行桩筏基础现场研究，更是罕见。这次桩筏基础现场试验包括：变形、基底土压力、桩基反力、筏基钢筋应力、混凝土应力和孔隙水压力等测量，各个部分互相关联，互相影响，如何把桩筏基础现场实验的资料进行整理、去伪存真、取其精华、提升理论是一件非常重要和艰巨的任务，需要高度的理论水平，更需丰富的现场试验经验以及工程实践经验。我组同仁能够有机遇承担这项任务，既感荣幸，又感肩负重担，只能尽最大的努力，首先要注意数据的真实性、科学性和合理性。与此同时，应用高层建筑与地基基础共同作用理论和相关理论对现场实验数据进行精辟的论证和阐述，使得上海环球金融中心的桩筏基础现场测试综合研究的五项成果（1.超高层、超长桩、深埋、厚筏的桩筏基础仍然是弹性体的验证；2.上部结构（包括地下室）刚度对基础刚度贡献及其有限性与计算；3.比较规则平面、等桩长的桩筏基础的桩顶反力分布的定量规律，计算理论可适用于长短桩；4.超高层建筑桩筏基础变形全过程的分析方法；5.预估基础变形的统计－经验公式）更加有利于工程实践，能够产生有效的经济效果，在实践中得到进一步完善，也希望这些成果能为国争光。

　　桩筏基础现场试验和沉降测量分别由上海中浦勘查技术研究所（赵锡宏担任桩筏基础现场试验顾问）和上海建工集团测量组完成；中船勘察设计研究院提供金茂大厦的宝贵沉降资料。对他们的严肃科学精神和负责态度以及辛勤劳动，谨此致以崇高的敬意和感谢。

　　本书是集体的研究成果，重要成员还有同济大学袁聚云和艾智勇两位教授以及阳吉宝博士。

　　高兴之余，也有遗憾的事，因工程需要，基坑地下连续墙爆破，暂停测试4个多月（2006年2月26日～2006年7月2日）；同时，2008年3月、6月和7月因故暂停测试，随后测试终止工作，无法测试巨风对桩反力的影响。还有，本书迟迟至今问世，深感歉意。

　　限于水平，不当之处，敬请读者斧正。

# 目　　录

# 绪　　论

## 0.1　工程简介

上海环球金融中心（简称环球中心，或 SWFC），于 2003 年基坑施工，2004 年 12 月基础施工，12 月 17 日开始埋设测试仪器，2006 年 2 月 26 日地下墙爆破，测试暂停，到 2006 年 7 月 2 日恢复现场测试，并于 2007 年 9 月 14 日结构封顶，2008 年 8 月 28 日竣工。

## 0.2　工程概况

图 0-1　金茂大厦和建造中的环球中心大楼

上海环球金融中心是当时上海的最高建筑。该大楼位于上海市浦东区，主楼为 101 层的钢筋混凝土巨型结构和钢结构体系，3 层地下室，高 492m；5 层裙房下也有 3 层地下室。大楼旁边是 88 层的金茂大厦（Jinmao Building），高 420.6m。两大楼的立面风貌见图 0-1，现在，又有上海中心大厦，形成三足鼎立呈天下之感，见图 0-2，环球中心的平面图和桩的布置见图 0-3。

图 0-2 上海的三幢超高层大楼

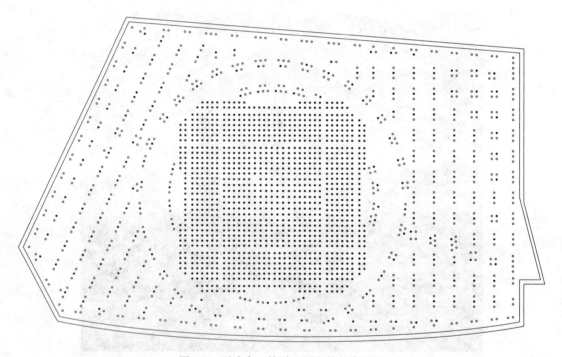

图 0-3 环球中心的平面图和桩的布置图

## 0.3 工程地质概况

环球中心的地质的物理与力学性质概况见表 0-1，地下水距离地面约 1m。

环球中心各层土的物理-力学指标　　　　　　　　表 0-1

| 土层编号 | 土层名称 | 厚度 (m) | 含水率 $w$ (%) | 重度 $\gamma$ (kN/m³) | 孔隙比 $e$ | 渗透系数 (cm·s⁻¹) $k_h(\times10^{-4})$ | $k_v(\times10^{-7})$ | 固结快剪 $c$(kPa) | $\varphi$(°) |
|---|---|---|---|---|---|---|---|---|---|
| ① | 填土 | 2.9 | | | | | | | |
| ② | 黏土夹粉质黏土 | 1.4 | 36.1 | 18.5 | 1.02 | 0.007 37 | 1.30 | 16.0 | 12.0 |
| ③ | 淤泥质粉质黏土 | 4.2 | 39.7 | 18.1 | 1.10 | 1.10 | 175 | 6.0 | 20.3 |
| ④ | 淤泥质黏土 | 10.4 | 48.6 | 17.3 | 1.36 | 0.008 24 | 1.32 | 10.0 | 10.0 |
| ⑤ | 粉质黏土 | 7.6 | 32.7 | 18.8 | 0.92 | 0.023 4 | .2.50 | 10.0 | 14.0 |
| ⑥ | 粉质黏土 | 3.9 | 23.2 | 20.0 | 0.68 | 0.707 | 28 | 36.0 | 12.7 |
| ⑦-1 | 砂质粉土夹细粉砂 | 12.6 | 30.0 | 19.1 | 0.83 | 5.36 | 3900 | 2.0 | 25.8 |
| ⑦-2 | 粉细砂 | 20.8 | 28.2 | 19.7 | 0.72 | 8.21 | 11000 | 0.0 | 26.8 |
| ⑦-3 | 砂质粉土 | 9.3 | 30.1 | 19.3 | 0.82 | | | 2.0 | 25.0 |
| ⑨-1 | 粉砂夹粉质黏土 | 5.7 | 27.7 | 19.5 | 0.76 | | | 2.0 | 25.0 |
| ⑨-2 | 含砾中粗砂 | 14.5 | 19.1 | 20.9 | 0.53 | | 4200 | 1.0 | 25.0 |
| ⑨-3 | 粉细砂 | 54 | 24.3 | 20.0 | 0.68 | | | | |
| ⑩ | 粉质黏土 | 18.7 | 26.3 | 19.8 | 0.75 | | | | |

## 0.4 测试项目

这是继上海 60 层长峰商场的第二次超高层建筑的现场测试研究项目，测试内容有 7 个，与长峰商场基本类同，要求有所差异。但是，长峰商场的现场测试成果不够完整，它的研究成果"Field Experimental Studies on Super-tall Building, Super-long Pile and Super-thick Raft Foundationin Shanghai"刊登在岩土工程学报 2008 年第 3 期，获得的经验与教训对环球中心分析相当宝贵。环球中心的各个测试项目布置图分别示于以下各个部分中：

（1）基础变形；

（2）基底土压力；

（3）桩顶反力；

（4）筏板钢筋应力；

（5）筏板混凝土应力；

（6）孔隙水压力。

## 0.5 研究内容

（1）上海环球金融中心桩筏基础变形的综合分析；

（2）上海环球金融中心桩筏基础基底土压力分析；

（3）上海环球金融中心桩筏基础桩顶反力分析；

（4）上海环球金融中心桩筏基础筏板钢筋应力分析；

（5）上海环球金融中心桩筏基础筏板混凝土应力分析；

（6）上海环球金融中心桩筏基础基底孔隙水压力分析；

（7）上部结构与地基基础共同作用理论对上海环球金融中心桩筏基础的分析；

（8）总结论；

（9）上海环球金融中心基础测试方案、实施与体会。

## 0.6　研究方法

以桩筏基础现场测试资料为依据，采用对比和综合分析方法，运用 88 层金茂大厦的沉降研究经验、60 层长峰商场的现场测试研究成果和上海高层建筑的现场测试研究成果，更重要的是采用上部结构与地基基础共同作用的理论，对环球中心现场测试资料进行综合研究。

## 0.7　现场测试大事记

（1）2004 年 12 月 17 日晚～18 日凌晨埋设仪器。

（2）浇筑底板混凝土时间：

2004 年 12 月 26 日～2005 年 1 月 8 日第一次浇筑底板：混凝土 4430m³，4.74m 厚；

2005 年 1 月 9 日～2005 年 1 月 27 日第二次浇筑底板：混凝土 5190m³，2.60m 厚；

2005 年 1 月 28 日～2005 年 1 月 31 日第三次浇筑底板：混凝土 30446m³，4.50m 厚。

（3）2004 年 12 月 19 日土压力盒最早开始测试工作。

（4）2005 年 2 月 16 日沉降测点标高测量。

（5）2005 年 2 月 20 日桩反力和钢筋应力开始测试工作。

（6）2006 年 2 月 26 日～2006 年 7 月 2 日，地下连续墙爆破，测试工作暂时停止。

（7）2007 年 9 月 14 日大楼结构象征性封顶，真正时间在 12 月间。

（8）2008 年 3 月，6 月和 7 月，因故测试工作暂时停止。

（9）2008 年 5 月 13 日 51 次沉降测量结束，并移交业主。

（10）2008 年 8 月 28 日竣工。

（11）2008 年 9 月 16 日测试工作结束。

（12）2008 年 9 月 18 日开始营业。

整个测试工作历时 4 年 9 个月。

## 参 考 文 献

[1]　Gong Jian, Zhao Xihong and Zhang Baoliang. Prediction of Behavior of Piled Raft Foundation for Shanghai World Financial Center of 101-story Using Comparison Concept. Sixth Int. Conf. on Tall Buildings, Hong Kong, China, 6-8 Dec. 2005. 233-240.

[2]　龚剑，赵锡宏. 对 101 层上海环球金融中心桩筏基础性状的预测. 岩土力学，2007 年 8 期.

[3]　Dai Biao Bing, Ai Zhi Yong, Zhao Xi Hong, Fan Qing Guo & Deng Wen Long. Field Experimental Studies on Super-tall Building. Super-long Pile and Super-thick Raft Foundationin Shanghai, Chinese J. Geotechnical Engineering, No. 3, 2008.

# 1 上海环球金融中心桩筏基础变形的综合分析

本章运用上海高层建筑和超高层建筑的基础现场测试资料和经验，特别是 88 层金茂大厦和 66 层恒隆广场的变形资料，进行对比，分析环球中心沉降发展的规律，区别于一般高层建筑；指出沉降速率具有一定的重要性；详细论证环球中心沉降的均匀性和略有向西的倾斜；基于变形包括回弹和沉降的完整性以及基坑为圆拱结构和施工等原因，专门阐述圆拱基坑的回弹问题。

根据金茂大厦和环球中心两大楼的 E-W（东西）和 S-N（南北）两剖面的变形发展规律论证上部结构刚度对基础贡献的有限性，同时，根据基础刚度的理论公式计算结果和两个剖面变形的具体数据的表与图，可形象表明 4m 和 4.5m 的两个桩筏基础的刚度并非绝对刚性，而是弹性体（现上海中心大厦的 6m 厚的桩筏基础的实测结果也证明是弹性体），指出这一非凡的证据具有极其重要的理论和实践意义，将为高层和超高层建筑的桩筏基础设计改革提供充分依据。

## 1.1  引言

超高层建筑，尤其是当时世界第 2 高度的 101 层上海环球金融中心（简称环球中心，或 SWFC），沉降对其影响至关重要。通过沉降的有效数据，可以跟踪沉降的变化，预测大楼的安全，提出有关建议，保证安全；另外，借助沉降的分布可以分析上部结构刚度对基础刚度的贡献、分析基础内力的变化、分析桩基的受力以及土压力的变化。因此，沉降数据的准确和有效性非常重要，必须引起工程界高度重视。

88 层金茂大厦地处上海环球金融中心近邻，净距相隔 50m，见图 0-1，于 1997 年 8 月 28 日建成，该工程地质与本工程有不少相似之处，更有丰富和完整的沉降资料可循，对本章的沉降分析提供充分的依据，还有上海 66 层恒隆广场以及上海 60 层左右超高层的沉降资料对比，本章以此进行了综合分析。

本章的沉降原始数据由上海建工集团的测量组徐峰高工提供，最后的完整的补充数据，系根据作者长期对上海高层建筑的沉降分析经验，加以补充完成，以此作为分析的依据。

## 1.2  工程概况

第一次沉降测量是在 2005 年 2 月 1 日，作为零点，即 ±0.00mm。在大楼布置 29 个测点，其中内筒布置 13 点，包括内筒核心 5 点，外筒 16 点，测点的平面布置见图 1-1。2007 年 9 月 14 日结构封顶，到 2008 年 5 月 13 日，共测 51 次。核心筒的中心 1 号的最大沉降接近 126.30mm，比金茂大厦结构封顶时的沉降相对大些，总体来说，大楼沉降均

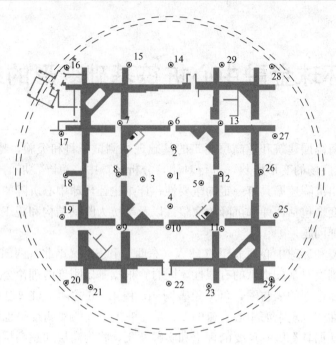

图 1-1　环球中心沉降测点的平面布置图

(图中的圆形为围护结构)

匀，有向西的微小倾斜，且随时间有极微小的增加，尽管倾斜度远远小于容许值，微不足道，但也应注意。总体而言，大楼是安全的，只是沉降相对较大。

## 1.3　环球中心变形的综合分析

为了有利于分析环球中心的变形，首先对上海数十年来高层建筑与超高层建筑的现场实测基础变形作一简述。

### 1.3.1　上海高层建筑与超高层建筑的现场实测基础变形

#### 1.3.1.1　上海高层建筑的现场实测基础变形

早在 20 世纪 70、80 年代，曾对上海深埋箱基（约 6m）和桩箱或桩筏基础（埋深＜8m）的高层建筑的沉降与时间的关系作过一系列现场实测研究，一般有比较明显的三个阶段（即自重压力、净压力和恒压力）的变化特征。对于深埋基础，由于开挖基坑的卸载引起基坑底土的回弹，回弹完成要经过一定时间，有的开挖后随即基础施工，再压缩变形会小些，有的开挖后相隔时间长些，然后基础施工，这样，再压缩变形会大些，这是一般的回弹再压缩的概念。下面主要对回弹变形和沉降进行论述。

（1）高层建筑深埋桩筏（箱）基础的回弹

深埋桩筏（箱）基础的回弹与沉降计算是一个非常复杂的问题。在实践中，理论计算往往不及统计-经验公式的适用性。要获得比较准确的数据，最好两者结合，进行综合判断。一般来说，回弹是指基坑开挖引起基坑底地基土向上的变形，对于桩筏（箱）基础，还影响着桩的上拔力（桩的拉力），最早的实测桩的上拔力当推英国伦敦海德公园的骑兵大楼[1]。

1) 20世纪70年代，只有一般的12层高层建筑，大多采用埋深为5～6m的箱形基础，中国建筑科学研究院地基所、上海市民用建筑设计院、上海市政设计院、华东建筑设计院和同济大学高层建筑与地基基础共同作用课题组等，对上海最早的4幢高层建筑箱形基础（康乐大楼、华盛大楼、胸科医院和四平大楼）的实测变形的机理进行研究，包括回弹与沉降全过程，见图1-2[2~6]。一幢大楼在施工过程要经历着：基坑挖土前，一般要降水，引起基底土下沉，随着挖土产生回弹，直至挖土完毕，浇筑底板，地下室和上部结构的荷载，产生沉降。但在加载过程中，包括再压缩阶段（挖土重量等于加载重量），要停止降水，引起短时间的回弹和再压缩，以后一直沉降到建筑物竣工。

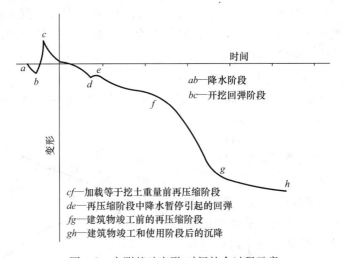

图1-2 实测基础变形-时间的全过程示意

与此同时，对基底回弹研究和汇总国外有关回弹资料，以及进行理论和试验的综合分析，提出估计天然地基上箱基基坑回弹（隆起）的经验公式[7]：

$$\rho \approx (0.5\% \sim 1\%)D \tag{1-1}$$

式中　$\rho$——箱基的基坑回弹（隆起）量；

　　　$D$——基础（基坑）埋深。

公式（1-1）对当时的基础工程和地下建筑具有指导意义，至今仍有工程实践意义，例如，21世纪初对上海外环线越江隧道的浦东干坞深大基坑（12个足球场大的天然地基）的隆起预估，结果比较满意[8]。并且，根据20世纪70年代的实测，再压缩变形比回弹变形约大1.2倍。

进入20世纪80年代，开始有桩筏（箱）基础，同济大学高层建筑与地基基础共同作用课题组对三幢高层建筑的桩筏（箱）基础进行现场测试[9]，包括回弹研究，该方面的具体研究资料比较少，有必要加以论述。例如，上海贸海宾馆（现为兰生宾馆），该大楼为26层，高94.5m，埋深7.6m，采用桩长60.6m、直径为$\phi$609的钢管桩。降水前在基坑底埋设9个回弹标，其中2个为特制有套管的、专门用来观测降水引起的沉降，测得降水引起的下沉分别为1.45cm、2.59cm，平均值为2.02cm。基坑开挖后，有2个回弹标被抓土斗破坏，其余的回弹标测得的回弹为1.41～2.87cm，平均为2.06cm，加上降水引起下沉为4.06cm。随后，由于某种原因，基坑暴露时间连续达62d，又回弹1.25cm，回弹量共

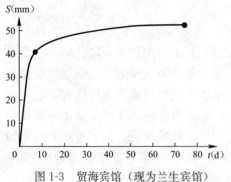

图 1-3  贸海宾馆（现为兰生宾馆）
回弹-时间关系曲线

5.31cm。开挖基坑后回弹-时间的关系见图 1-3。

该工程曾采用 Boussinesq 和 Mindlin 公式计算回弹变形为 33mm，而基坑开挖后的实测最大回弹变形为 41mm（不计基坑暴露时间的影响），为实测回弹变形的 80%。而实测的再压缩变形略大于 10mm，即约为实测回弹变形的 1/4。由此可见，桩基要比天然地基的小。

影响回弹量大小的因素有：基坑平面与深度、基坑底的地基条件、打桩引起土体的扰动程度、桩的大小与类型、降水的时间、挖土的方法与顺序、开挖基坑后的暴露时间等。回弹的大小影响着今后基础的沉降和桩的上拔力，因此，基坑开挖后应尽早浇筑底板混凝土。

2）计算桩筏基础的坑底回弹（隆起）的统计-经验公式

根据 20 世纪 80 年代上海一些桩基工程的实测基底回弹（隆起）资料，提出估计桩基基坑回弹（隆起）的统计-经验公式：

$$\rho \approx (0.3 \sim 0.5)(0.5\%)D \qquad (1\text{-}2)$$

式中　$\rho$——桩基基坑回弹（隆起）量；

　　　$D$——基础（基坑）埋深。

（2）高层建筑深埋桩筏（箱）基础沉降

一般高层建筑桩筏（箱）基础的沉降与时间的关系，有比较明显的三个阶段（即自重压力 $0a$、净压力 $ab$ 和恒压力 $bc$）的变化特征的典型实例，见图 1-4。

### 1.3.1.2　上海超高层建筑的现场实测基础变形

到了 20 世纪 90 年代，涌现越来越多超高层建筑，埋深接近 20m，有不同的桩型、

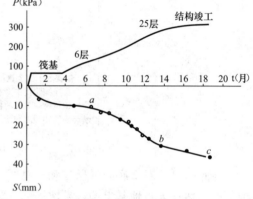

图 1-4  贸海宾馆（现为兰生宾馆）的
荷载-沉降-时间的关系曲线

直径和长径比，具体变形情况有所不同。目前一般的高层建筑，也将深埋桩筏（箱）基础的回弹和沉降分别进行论述。

（1）超高层建筑的深埋桩筏（箱）基础的回弹

超高层建筑的深埋桩筏（箱）基础的回弹有别于一般高层建筑，视施工方法——顺作法和逆作法有所不同，这里仅仅论述顺作法。

根据 20 世纪 80 年代上海一些桩基工程的实测基底回弹（隆起）资料，同时，根据国内在 20 世纪 90 年代的两个典型圆形而非圆拱基坑：天津《今晚报》大厦基坑[17]和上海万都大厦基坑，埋深 $D$ 为 9.0～12.8m，实测回弹为 24～38mm，相当为 0.25%$D$，因此，认为统计-经验公式（1-2）仍然适用，只是系数取小者。

即式（1-2）变为：

$$\rho \approx 0.15\%D \qquad\qquad (1\text{-}3)$$

式中　$\rho$——顺作法的桩基基坑回弹（隆起）量。

下面分析环球中心的圆拱结构基坑的实测和计算回弹。

环球中心的圆拱结构基坑由温州龙元有限公司施工，基础和上部结构等由中国建工集团和上海建工集团合作施工。该工程属于部分补偿桩筏基础，研究补偿桩筏基础将对今后上海软土地区的深埋桩筏基础设计的改进具有积极作用。因此，有必要从实测和理论以及统计-经验公式进行深入研究。

基坑围护结构采用圆拱设计，直径 $d$ 为 100m，地下墙深度 $H$ 为 32.6m，墙厚 $t$ 为 1m，基坑深度 $D$ 为 18.45m，插入比［(32.6-18.45)/18.45］等于 0.77，基坑挖土重量等于建筑物静重的 46.8%，基坑又深，属于深埋部分补偿桩筏基础。

基坑开挖测试从 2004 年 5 月 18 日开始到 2005 年 1 月 29 日止。基坑底土的回弹测试是由上海岩土工程勘察设计研究院负责[10]。回弹与时间变化曲线如图 1-5 所示。坑底的最大回弹 $S_H = 32.0$mm，平均为 27.5mm。

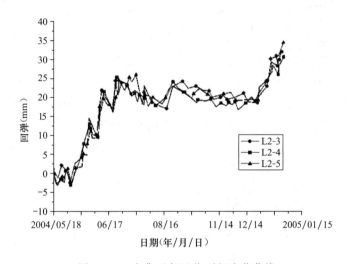

图 1-5　三个典型点回弹-时间变化曲线

计算基坑土回弹（隆起）的方法很多[11~15]。这里列举中国第九设计研究院田振和顾倩燕（2006）[16]对环球中心的大直径圆形深基坑回弹问题进行大量的研究和分析工作，计算结果概括如表 1-1 所示。

环球中心基坑的计算和实测回弹结果的对比　　　　　　　　　　　　　表 1-1

| 方法 | 日本规范《建筑基础构造设计基准》 | 中国建筑规范《建筑地基基础设计规范》GB 50007—2011 | 土工离心模型 | 有限元法（未考虑桩） | 有限元法（考虑桩与降水） | 现场实测法 |
| --- | --- | --- | --- | --- | --- | --- |
| 回弹（mm） | 109.6 | 145.2 | 229.1 | 198.0 | 51.0 | 32.0 |

我们也对环球中心的回弹进行了研究和分析，分别采用上部结构与地基基础共同作用方法（简称共同作用的混合法）[27]，能量恒等理念法[17]和统计-经验方法[7]计算回弹。

1）共同作用的混合法。计算方法见第 7 章，计算回弹的结果，见图 1-6，计算回弹 $S_H = 33$mm。

2）利用超明星空间围护工程计算软件 Ver 1.1[18,19]，计算围护结构的水平位移 $S_h = 30$mm。然后，采用能量恒等理念法（图 1-7），根据：

墙体沿深度的水平位移所包的面积≈墙后相应的沉降所包的面积≈基坑底隆起所包的

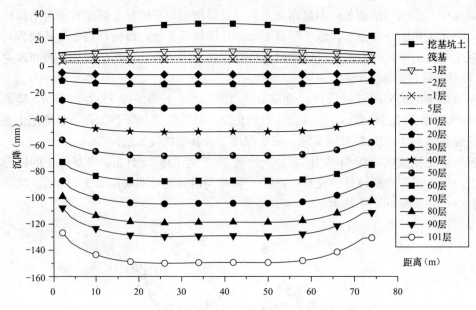

图 1-6　环球中心地基变形与层数施工的全过程

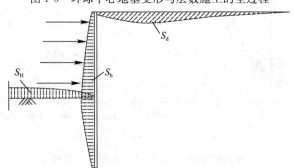

图 1-7　能量恒等理念在基坑工程的应用

面积，取：最大墙的水平位移 $S_h \approx$ 最大墙后沉降 $S_d \approx$ 最大坑底隆起 $S_H$。

这样，可得基坑隆起 $S_h \approx S_H \approx 30\text{mm}$。

3）统计-经验法。根据 20 世纪 70 年代至 21 世纪的高层和超高层建筑的基坑现场实测研究[6]，对圆形直径和插入比大小进行研究，得出基坑底回弹 $S_H$ 和基坑深度 $D$ 的统计-经验公式，与式（1-3）相同：

$$S_H \leqslant 0.15\% D \tag{1-4}$$

式中　$S_H$——基坑隆起（回弹）（mm）；

$D$——基坑埋深（mm）。

因此，$S_H \leqslant 0.15\% \times 18.45 = 27.7\text{mm}$。

汇总以上三种方法计算回弹的结果和现场实测结果，如表 1-2 所示。

环球中心基坑的计算和实测回弹结果的对比　　　　　　　　表 1-2

| 方法 | 共同作用混合法 | 能量恒等理念法 | 统计-经验法 | 现场实测法 |
|---|---|---|---|---|
| 回弹（mm） | 33.0 | 30.0 | 27.7 | 32.0 |

从表1-2汇总的三种计算回弹结果可见，三种方法与实测结果比较接近，表明计算方法很实用。

读者可能会问：研究环球中心基坑回弹的成果的思路是否可适用基坑深度为31.2m的上海中心大厦的圆拱结构基坑的回弹呢？的确，环球中心的基坑圆拱研究的思路很有启发。但是，具体情况要具体分析，要借助实践资料和理论的指导。

上海中心大厦桩筏基础基坑挖土重 $W_s$ 为6716582kN，建筑物静重 $DL$ 为6709468kN，挖土重略大于建筑物静重，是属于深埋完全补偿桩筏基础。

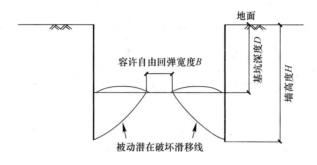

图1-8 基坑开挖对回弹的影响示意

地下墙结构同样为圆拱形，直径123.4m，基坑深度 $D=31.20$m，地下墙深度为50m，插入比 $[(50-31.2)/31.2]$ 等于0.60，墙厚度为1.2m。地质情况类似，和环球中心的基坑相比，直径大得多，相反，插入比却很小，容许自由回弹宽度比环球金融大15m，见图1-8，回弹量自然大得多。同时，参考上海外环隧道浦西段的基坑工程的研究资料[8]：基坑深度 $D=30.40$m，计算和实测回弹分别为69mm和70mm，其值与 $S_H=0.20\%D$ 相当。因此，对上海中心大厦基坑的回弹计算取：

$$S_H = 0.20\%D \tag{1-5}$$

上海中心大厦基坑没有实测坑底回弹，只有实测的地下墙水平位移 $S_h$，平均值为68.5mm。根据能量恒等理念的公式：$S_h \approx S_d \approx S_H$，基坑回弹 $S_H$ 取68.5mm。

根据统计-经验公式（1-5）计算回弹 $S_H$ 为62.4mm。

根据上海中心大厦的实测变形与时间曲线进行反算，即根据变形-时间曲线中施工荷载 $DL$ 等于基坑开挖土重 $W_s$，相应的实测再压缩变形约为78.0mm，除以1.2，可得现场实测回弹 $S_H \approx 65$mm。

汇总上海中心大厦基坑的计算和实测回弹结果的对比，见表1-3。

从表1-3可见，能量恒等理念法、统计-经验方法和从变形-时间曲线法反求的回弹还是相当接近，因此，这些计算回弹方法是比较实用的。

| | 上海中心大厦基坑的计算和实测回弹结果的对比 | | 表1-3 |
|---|---|---|---|
| 方　法 | 能量恒等理念法 | 统计-经验法 | 现场实测法 |
| 回弹（mm） | 68.5 | 62.4 | 65.0 |

因此，概括表1-2和表1-3的计算和实测结果对比，表明这些计算回弹的方法可行而实用。

（2）超高层建筑的深埋桩筏（箱）基础的沉降

强调指出：金茂大厦和恒隆广场加上环球中心可构成上海三大典型的超高层建筑，其基本资料汇总见表1-4。三幢大楼的沉降-时间关系曲线的绘制比例相同，三图合一的总图如图1-9所示。利用这些基本资料和总图，可以大致了解三幢大楼变形-时间变化关系的概况。通过对比和综合分析，可以寻求其共同的规律和各自的特点。下面先对金茂大厦和恒隆广场进行综合分析。

三幢大楼的桩筏（箱）基础的基本资料　　　　　　　表 1-4

| 建筑物名称 | 高度（m） | 筏（箱）厚度（m） | 桩的总数 | 桩型 | 桩的平均荷载（kN） | 桩的容许承载力（kN） | 总荷载（×10⁶kN） | 基础面积（m²） | 基础底面压力（kPa） | 封顶时沉降（mm） |
| | 层数 | 埋深 | | 长度（m） | | | | | | 最大速率（mm/天或层） |
|---|---|---|---|---|---|---|---|---|---|---|
| 金茂大厦 | 420.5 | 4.0 | 429 | 钢管桩直径904 | 7000 | 7500 | 3.00 | 3519 | 852.5 | 50.0 |
| | 88 | 19.65 | | 83 | | | | | | 0.16/0.66 |
| 恒隆广场 | 288.0 | 3.3 | 849 | 灌注桩直径800 | 5000 | 5000 | 4.25 | 3623 | 1171.7 | 43.0 |
| | 66 | 18.95 | | 81 | | | | | | 0.30/7.5 |
| 环球中心 | 492.0 | 4.5 | 1177 | 钢管桩直径700 | 3740 | 4300 | 4.40 | 6200 | 709.7 | ≈99.0 |
| | 101 | 18.45 | | 79 | | | | | | 0.69/4.4 |

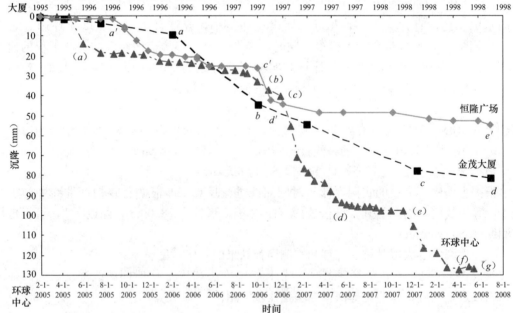

图 1-9　金茂大厦、恒隆广场和环球中心的变形-时间曲线

### 1）金茂大厦

金茂大厦[20]原是世界十大超高层建筑之一的大楼，主楼的上部结构采用钢筋混凝土核心筒与钢结构外框架结合的混合结构体系，主要由核心筒、外框架、巨型钢桁架和楼板组成，其基本资料见表1-4。金茂大厦的基础和测点的平面图见图1-10，同时，便于分析，把金茂大厦的变形-时间曲线适当延长，如图1-11所示。

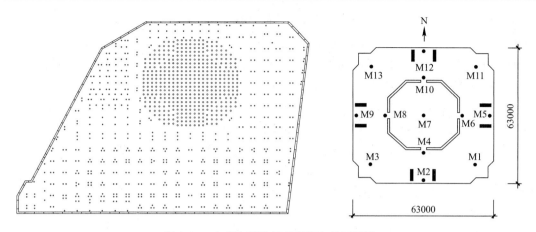

图 1-10 金茂大厦的基础和测点的平面图

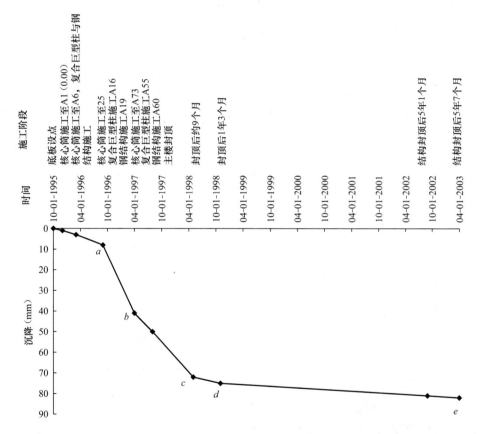

图 1-11 金茂大厦的沉降-时间的关系曲线（比图 1-9 延长约 5 年）

该大楼的第 1 次沉降测量是从 1995 年 10 月 5 日底板的测点开始，选择核心筒中心的测点 M7 对沉降分析。第一个转折点，见图 1-4 和图 1-11 中 0a 曲线段的 a 点。它的产生不是在土自重压力结束时（约在核心筒 A14），而是在净压力阶段的核心筒 A23 完成时（1996 年 9 月 1 日）。应予指出：从 1996 年 6 月初～8 月 17 日的约两个多月中，核心筒 A23 暂停施工。在停工期间沉降基本上仍是 8mm，8 月 18 日开始复工。

第二个转折点，见图 1-9 和图 1-11 中 ab 曲线段的 b 点。自从 1996 年 8 月 18 日复工，施工速度加快，沉降速率随之加大，保持恒值，从 1996 年 9 月 1 日～1997 年 4 月 1 日，历时 7 个月，核心筒 A73、巨型柱 A55、钢结构 A60，沉降为 41mm，见图 1-4 和图 1-11 中的 b 点，即施工增加 50 层，沉降增加 33mm。这样，平均施工速度为 6.3 层/月，平均沉降速率为 0.16mm/天或 0.66mm/层。此时，正处在净压力阶段。

第三个转折点，见图 1-9 和图 1-11 中的 bc 曲线段的 c 点。自从 1997 年 4 月 1 日完成 A73 层后，即过了 b 点，沉降速率只是比前减缓，仍然成直线发展，即使跨过大楼结构封顶（1997 年 8 月 28 日，沉降为 50mm），沉降速率不减，直到大楼结构封顶后约 9 个月（1998 年 5 月底），此时，沉降为 71mm，才趋于稳定，见图 1-4 和图 1-11 中的 c 点。此时，进入恒压力阶段，以后沉降速率非常缓慢，到了 1998 年 9 月 28 日建筑物竣工，沉降处于 c 点与 d 点间约为 72mm（注：1999 年 9 月 28 日，大楼全面营业，沉降在 75～77mm）。2003 年 4 月 1 日，沉降仅仅增加 11mm，总沉降为 82mm，见图 1-11 中的 e 点。可以认为，大楼沉降基本达到稳定状态。又过 3 年余，2006 年 12 月 31 日，沉降为 85mm，以后每月测量 1 次，每月沉降不变，2007 年 12 月 31 日沉降仍然是 85mm，大楼沉降真正达到稳定。

金茂大厦的地基变形测量已历时 15 年之久，它为计算超高层沉降积累一份永恒的财富。金茂大厦结构封顶时的最大沉降为 50mm，到达恒荷载时（建筑物竣工）的最大沉降为 72mm，而最大稳定沉降为 85mm，其比例约为 1：1.4：1.7，对预估环球中心沉降将提供重要分析依据。

2）恒隆广场

恒隆广场[21] 是一幢主要为纯钢筋混凝土构成的少见的超高层建筑，基本资料见表 1-4，基础和测点的平面图见图 1-12。

恒隆广场于 1998 年 3 月 1 日动工，2000 年 3 月 16 日结构封顶，约过 1 年，2001 年 4 月竣工，第 1 次地基变形测量是 1998 年 3 月 27 日，此时，地面 F1 结构完成。以后，基本上每 3 层测量 1 次，2001 年 5 月 15 日为最后 1 次测量，表示已经竣工，变形测量历时 3 年。同年 7 月开始营业。与金茂大厦相比，不是从底板开始测量，而是从地面结构层开始测量，因此，所有 5 个测点的沉降量应适当增加约 8mm。故建筑物竣工时为 59mm，推算的稳定沉降约为 75mm[22,23]。

今以测点 5 号为例（中心点未设测点）分析，见图 1-9 和图 1-12，为便于说明，附图 1-13。

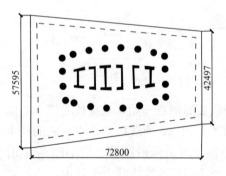
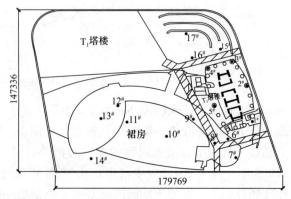

图 1-12 恒隆广场的基础和测点的平面图

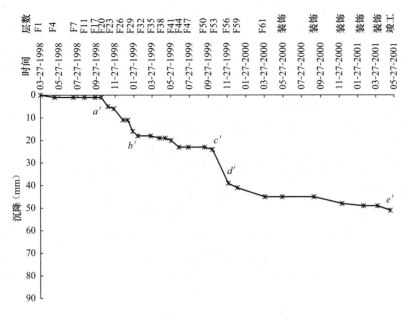

图 1-13  恒隆广场的沉降-时间的关系曲线

第一个转折点，见图 1-9 和图 1-13 中 0a′曲线段的 a′点。在 a′点时，F17 结构已经完成（从 1998 年 3 月开始测量到 10 月 13 日间），测点 5 号沉降一直保持 1mm。当考虑整个地下室的荷载引起的沉降，5 个测点可增加 5～7mm 的沉降量。

第二个转折点，见图 1-9 和图 1-13 中的 a′b′曲线段的 b′点。在 b′点时，F35 结构已经完成（从 1998 年 10 月 14 日～1999 年 2 月 8 日），沉降为 18mm，几乎以等速沉降，施工增加 18 层，而沉降增加 17mm，基本上保持 1mm/层的沉降速率，是很正常的速率。

第三个转折点，见图 1-9 和图 1-13 中的 b′c′曲线段的 c′点。在 c′点时，F59 结构已经完成（从 1999 年 2 月 8 日～1999 年 10 月 10 日），此时，沉降为 24mm，施工增加 24 层，而沉降仅仅增加 6mm，几乎以缓慢等速沉降，这样的缓慢沉降速率是少见。

第四个转折点，见图 1-9 和图 1-13 中的 c′d′曲线段的 d′点。在 d′点时，是恒隆广场沉降速率发生最大的阶段，只是相隔 1 个月 20 天（1999 年 10 月 10 日～1999 年 11 月 30 日），完成 F59 结构～F61 结构的两层建筑，沉降增加 15mm，平均沉降速率为 0.30mm/天或 7.5mm/层，这样的大沉降速率同样是少见。

第五个转折点，见图 1-9 和图 1-13 中的 d′e′曲线段的 e′点。在 e′点时，是恒隆广场竣工时最后一次测量结果（2001 年 5 月 15 日），沉降为 51mm，但在 2001 年 4 月 1 日为竣工日，沉降为 43mm。从 d′e′曲线段的沉降变化可见，沉降速率很缓慢，从 1999 年 11 月 30 日～2001 年 5 月 15 日阶段（从 d′点到 e′点）为大楼装饰和屋顶钢结构吊装工作，历时为 1 年 6 个半月，增加沉降只不过为 12mm，沉降速率为 0.02mm/天，基本趋于稳定。

从恒隆广场（埋深 18.95m）的基础沉降分析可见，0a′和 a′b′曲线段的沉降速率（坡度）与金茂大厦（埋深 19.65m）的 0a 和 ab 曲线段的沉降速率（坡度）基本相同（图 1-9），而总的沉降-时间曲线的发展趋势也有些相似。

恒隆广场主要是纯钢筋混凝土结构，主要荷载到 F61 止，上面 5 层为钢结构，因此，产生最大沉降速率就在 F61。如果以 F61 作为结构封顶的话，那么，封顶时的沉降、竣工时的沉降和稳定沉降之比为 1：1.2：1.5，同样，对预估环球中心沉降将提供重要分析依据。

总之，恒隆广场的沉降曲线变化特征，如同金茂大厦，也为计算超高层沉降积累一份永恒的财富。

#### 1.3.1.3 超高层建筑的沉降计算

超高层建筑的沉降计算有很多方法，包括规范方法，这里，只针对软土地区的上海超高层建筑的沉降计算具有实践指导意义的统计-经验公式进行介绍。

根据数十年来对高层和超高层建筑基础的现场变形数据的汇总，特别是金茂大厦十多年来积累的丰富而宝贵的变形资料，得到建筑封顶的变形 $S_S$、建筑物竣工的变形 $S_B$ 和最终沉降 $S_F$ 三者的关系为 1：1.4：1.7。考虑各个建筑物的各个施工阶段的条件不同，所采用桩的类型和长径比等有所差异，见表 1-5 和表 1-6。

**四幢超高层建筑的实测变形汇总（mm）** 表 1-5

| 工程名称 | $S_S$/日期 | $S_B$/日期 | $S_F$/日期 | $S_S：S_B：S_F$ |
|---|---|---|---|---|
| 金茂大厦 | 50/(1997/08/28) | 70/(1998/05/25) | 85/(2007/12/31) | 1：1.4：1.7 |
| 恒隆广场 | 51/(2000/03/16) | 59/(2001/04/15) | 75 推算 | 1：1.3：1.5 |
| 环球中心 | 97.79/(2007/09/14) | 126.30 (2008/05/13) | ≥150 推算 | 1：1.4：1.6 |
| 上海中心 | 79.08/(2013/08/03) | 103 推算 | 120 推算 | 1：1.3：1.5 |

注：括号内的日期以年/月/日表示。上海中心 2014 年调整测点位置，变形数据有些变动。

**桩的类型和长径比对最终沉降的影响** 表 1-6

| 工程名称埋深（m） | 建筑物重量（kN）基础面积（m²） | 桩的类型桩长（m）/直径（mm） | 实测或推测 $S_F$（mm）实测 $S_S$（mm） |
|---|---|---|---|
| 金茂大厦 | 3000000 | 钢管桩 | $S_F$=85 |
| 19.65 | 3519 | (81/904)=89.6 | $S_S$=50 |
| 恒隆广场 | 4240000 | 灌注桩 | 推测=75 |
| 18.95 | 3622 | (78/800)=97.5 | $S_S$=51 |
| 环球中心 | 4400000 | 钢管桩 | 推测>150 |
| 18.45 | 6200 | (78/700)=111.4 | $S_S$=97.79 |
| 上海中心 | 6709468 | 灌注桩 | 推测=120 |
| 31.2 | 8250 | (82, 86/1000)=82, 86 | $S_S$=79.08 |

因此，为实用起见，要有一个变化范围，见式（1-7）和式（1-8）：

$$S_S = \sqrt{A} \tag{1-6}$$

$$S_B = k_3 S_S \tag{1-7}$$

$$S_F = k_4 S_S \tag{1-8}$$

式中，$A$ 为基础面积，以 m² 计；$S_S$、$S_B$ 和 $S_F$ 以 mm 计；$k_3$ 和 $k_4$ 为系数，分别取 1.3～1.4 和 1.5～1.6。

统计经验公式（1-6）～式（1-8）对预估上海超高层建筑物的变形很为实用。

### 1.3.2 环球中心的核心筒中心 1 号点的实测沉降分析

对图 1-9 环球中心的沉降-时间的曲线（核心筒中心 1 号点）进行分析。

第一个转折点，见图 1-9 中的（0）（a）曲线段的（a）点。在（a）点时，内筒 F2 结构已经完成，沉降为 18.48mm。

第二个转折点，见图 1-9 中的（a）（b）曲线段的（b）点。在（b）点时，内筒 F56 结构已经完成，即从（a）点到（b）点（2005 年 7 月 18 日～2006 年 8 月 28 日），历时 1 年 1 个月，增加 54 层，沉降为 29.01mm，仅仅增加 10.53mm，这种沉降缓慢速率情况非常少见，与恒隆广场相仿。

第三个转折点，见图 1-9 中的（b）（c）曲线段的（c）点。在（c）点时，内筒 F72 层结构已经完成，即从（b）点到（c）点（2006 年 8 月 28 日～11 月底），增加 16 层，沉降为 40.26mm，而增加 11.25mm，比之上一阶段（a）（b）曲线段，其沉降速率却大大增加。

第四个转折点，见图 1-9 中的（c）（d）曲线段的（d）点。在（d）点时，内筒 F79 层结构已经完成，即从（c）点到（d）点（2006 年 11 月 28 日～2007 年 4 月 26 日），增加沉降为 51.84mm，平均沉降速率为 0.359mm/天，这样大的沉降速率比恒隆广场还大。幸运的是整个内筒均匀沉降，没有引起麻烦。

第五个转折点，见图 1-9 中的（d）（e）曲线段的（e）点。在（e）点时，内筒 F96 层结构已经完成，即从（d）点到（e）点（2007 年 4 月 26 日～2007 年 11 月 3 日），沉降为 98.09mm，而沉降增加 5.99mm，平均沉降速率 0.03mm/层，是正常沉降速率。

第六个转折点，见图 1-9 中的（e）（f）曲线段的（f）点。在（f）点时，时间为 2008 年 3 月 31 日，（2007 年 9 月 14 日为对外称结构封顶时间，实际时间到 2008 年 2 月间），此时，78 层以下办公区装修和设备基本装修完毕。从（e）点到（f）点，经历着内筒 F97，外筒 F92（2007 年 7 月 30 日）到 2008 年 3 月底的结构封顶和装修工作。沉降比较迅速下降（从 96.00mm 增至 126.84mm），（e）（f）曲线段的坡度，略比第四个转折点（c）（d）曲线段的坡度小些。

但是，从图 1-9 可见，（f）（g）曲线段出现回弹现象，从 2008 年 4 月 16 日（49 次测量）回弹 1.13mm，接着 4 月 30 日（50 次测量）继续回弹 0.70mm，到 5 月 13 日（51 次测量）才开始下沉 1.20mm，尚未补偿前两次的回弹。这种现象有待进一步调查分析。可惜，测量暂时停止。

从以上三幢超高层建筑的沉降随时间变化的曲线可见，地基变形的特点与基底压力、施工、设计（浮力的考虑、桩的类型和承载力）等因素有关，又见表 1-4 的基本数据。这对环球中心沉降的综合分析非常有益，见 1.6 结论部分。

# 1.4 环球中心沉降均匀性的综合分析

评价一幢高层建筑，尤其是超高层建筑的沉降均匀性是衡量建筑物安全度的一个极其重要的标准。

首先概括指出，环球中心的基础沉降略呈锅状，以内外筒的对应测点分析，确定沉降的均匀性程度，并以表加以说明，测点的位置见图 1-1。

### 1.4.1 环球中心的内筒沉降分析

#### 1.4.1.1 核心筒内的 1～5 号沉降分析

现仅列举如图 1-9 环球中心发生很大沉降速率的时刻开始的沉降数据，以检验核心筒的沉降是否始终处于均匀沉降状态，核心筒内 1～5 号的数据列于表 1-7 中。

**核心筒内 1～5 号测点沉降（mm）** 表 1-7

| 测次 | 22 | 23 | 24 | 25 | … | 30 | 31 | 32 | 33 | 34 | … | 40 | … | 51 |
|---|---|---|---|---|---|---|---|---|---|---|---|---|---|---|
| 日期 | 2006/11/28 | 12/27 | 2007/01/12 | 01/31 | … | 04/26 | 05/15 | 05/28 | 06/12 | 06/27 | … | 10/30 | … | 2008/05/13 |
| 1 号 | 40.26 | 55.37 | 70.84 | 76.85 | … | 92.10 | 93.84 | 94.60 | 95.17 | 95.63 | … | 98.09 | … | — |
| 2 号 | 40.37 | 55.83 | 69.35 | 74.92 | … | 90.93 | 92.86 | 94.07 | 94.97 | 96.17 | … | 99.26 | … | 127.05 |
| 3 号 | 41.24 | 55.65 | 71.61 | 77.27 | … | 92.77 | 94.78 | 94.92 | 95.79 | 96.50 | … | 99.06 | … | 126.42 |
| 4 号 | 41.71 | 55.46 | 70.49 | 76.25 | … | 90.85 | 92.87 | 93.34 | 93.82 | 94.76 | … | 98.21 | … | 126.80 |
| 5 号 | 41.50 | 54.78 | 70.06 | 75.44 | … | 91.08 | 93.09 | 94.48 | 95.21 | 95.71 | … | — | … | — |
| 施工进展 内筒 | F72 | F78 | F79 | F79 | … | F89 | F91 | F91 | F93 | F94 | … | 封顶期间 | … | 封顶后 |
| 施工进展 外筒 | F62 | F66 | F69 | F73 | … | F85 | F87 | F88 | F89 | F91 | … | | | |

注：实际封顶在 2007 年 9 月～12 月间，取测量 40 次。2008 年 8 月 28 日竣工，测量 51 次后暂停。

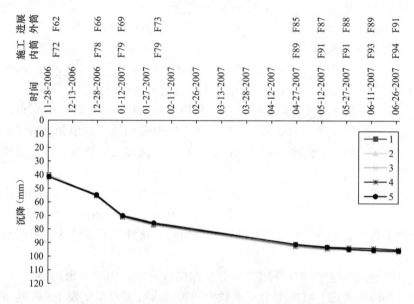

图 1-14 核心筒中心测点 1～5 号沉降随时间变化汇总

把表 1-7 的具体沉降数据汇总绘制成图 1-14，由图可见，1～5 号的沉降-时间变化基本一致，因此，尽管沉降处在（c）（d）两点中间（见图 1-9，2006 年 11 月 28 日～2007 年 1 月 31 日）近似呈直线急速沉降的关键时刻，沉降仍是相当均匀。同时，当沉降逐步趋于缓慢速率时（2007 年 4 月 26 日～2007 年 6 月 27 日），沉降还是比较均匀。特别指出的是，此时大楼内外筒已经分别达到 F94 和 F91，而实际的施工材料荷载已略超过设计荷载。

至于大楼结构封顶前后的沉降，见表 1-8 末尾的两项测次，即 40 次和 51 次的沉降数据，同样说明大楼的沉降相当均匀。

#### 1.4.1.2 核心筒中的 6～13 号沉降分析

核心筒中 6～13 号的数据列于表 1-8 中。

核心筒中 6～13 号测点沉降（mm）                                                    表 1-8

| 测次<br>日期 | 22<br>2006/11/28 | 23<br>12/27 | 24<br>2007/01/12 | 25<br>01/31 | … | 30<br>04/26 | 31<br>05/15 | 32<br>05/28 | 33<br>06/12 | 34<br>06/27 | … | 40<br>10/30 | … | 51<br>2008/05/13 |
|---|---|---|---|---|---|---|---|---|---|---|---|---|---|---|
| 6 号 | 39.76 | 54.68 | 70.57 | 73.79 | … | 88.06 | 89.78 | 90.26 | 90.38 | 91.47 | … | 97.29 | … | 128.45 |
| 7 号 | 36.34 | 51.00 | 66.67 | 69.52 | … | 85.25 | 86.90 | 87.55 | 88.21 | 88.29 | … | — | … | — |
| 8 号 | 38.56 | 52.38 | 67.55 | 73.38 | … | 88.69 | 90.92 | 91.40 | 92.09 | 92.98 | … | 97.42 | … | 121.95 |
| 9 号 | 38.93 | 51.93 | 66.98 | 71.93 | … | 87.90 | 90.09 | 90.68 | 91.64 | 92.21 | … | 95.30 | … | 119.27 |
| 10 号 | 41.82 | 55.61 | 71.09 | 75.98 | … | 91.07 | 92.26 | 93.05 | 93.18 | 93.66 | … | 97.60 | … | 125.78 |
| 11 号 | 40.88 | 54.24 | 69.26 | 74.21 | … | 89.67 | 91.14 | 91.45 | 92.20 | 92.79 | … | 97.50 | … | 124.83 |
| 12 号 | 39.54 | 54.39 | 69.69 | 74.52 | … | 88.41 | 90.50 | 91.41 | 91.63 | 92.26 | … | 95.76 | … | 126.50 |
| 13 号 | 35.32 | 49.18 | 63.82 | 68.62 | … | 83.57 | 85.42 | 86.50 | 87.51 | 87.84 | … | 91.20 | … | 119.09 |
| 施工<br>进展 | 内筒 | F72 | F78 | F79 | F79 | … | F89 | F91 | F91 | F93 | F94 | … | 封顶<br>期间 | … | 封顶后 |
| | 外筒 | F62 | F66 | F69 | F73 | … | F85 | F87 | F88 | F89 | F91 | | | | |

注：实际封顶在 2007 年 9 月～12 月间，取测量 40 次。2008 年 8 月 28 日竣工，测量 51 次后暂停。

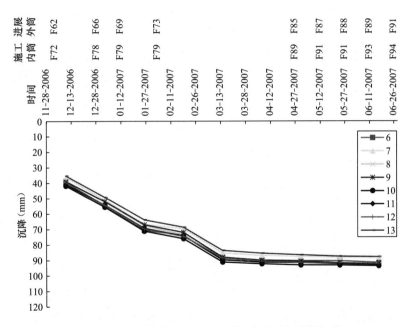

图 1-15　核心筒中测点 6～13 号沉降随时间变化汇总

同前，把表 1-8 的具体沉降数据汇总绘制成图 1-15，由图可见，6 号～13 号的沉降-时间变化也基本一致，因此，尽管沉降处在（c）（d）两点中间（见图 1-9，2006 年 11 月 28日～2007 年 1 月 31 日）近似呈直线急速沉降的关键时刻，沉降仍是比较均匀。同时，当沉降逐步趋于缓慢速率的时候（2007 年 4 月 26 日～2007 年 6 月 27 日），沉降还是比较均匀。特别指出的是，此时大楼内外筒已经分别达到 F94 和 F91，而实际的施工材料荷载已略超过设计荷载。

至于大楼结构封顶前后的沉降，见表 1-8 末尾的两项测次，即 40 次和 51 次的沉降数据，同样说明大楼的沉降比较均匀。

核心筒东边 E 与西边 W 对应测点的沉降差（mm）　　　　表 1-9

| 测次 | 22 | 23 | 24 | 25 | ⋯ | 30 | 31 | 32 | 33 | 34 | ⋯ | 40 | ⋯ | 51 |
|---|---|---|---|---|---|---|---|---|---|---|---|---|---|---|
| 日期 | 2006/11/28 | 12/27 | 2007/01/12 | 01/31 | ⋯ | 04/26 | 05/15 | 05/28 | 06/12 | 06/27 | ⋯ | 10/30 | ⋯ | 2008/05/13 |
| 东 7 | 36.34 | 51.00 | 66.67 | 69.52 | ⋯ | 85.25 | 86.90 | 87.55 | 88.21 | 88.29 | ⋯ | — | ⋯ | — |
| 西 9 | 38.93 | 51.93 | 66.98 | 71.93 | ⋯ | 87.90 | 90.09 | 90.68 | 91.64 | 92.21 | ⋯ | 95.30 | ⋯ | 119.27 |
| 沉降差 | 2.59 | 0.93 | 0.31 | 2.41 | ⋯ | 2.65 | 3.19 | 3.13 | 3.43 | 3.92 | ⋯ | — | ⋯ | — |
| 东 6 | 39.76 | 54.68 | 70.57 | 73.79 | ⋯ | 88.06 | 89.78 | 90.26 | 90.38 | 91.47 | ⋯ | 97.29 | ⋯ | 128.45 |
| 西 10 | 41.82 | 55.61 | 71.09 | 75.98 | ⋯ | 91.07 | 92.26 | 93.05 | 93.18 | 93.66 | ⋯ | 97.60 | ⋯ | 125.78 |
| 沉降差 | 2.06 | 0.93 | 0.52 | 2.19 | ⋯ | 3.01 | 2.48 | 2.79 | 2.80 | 2.19 | ⋯ | 0.31 | ⋯ | −2.67 |
| 东 13 | 35.32 | 49.18 | 63.82 | 68.62 | ⋯ | 83.57 | 85.42 | 86.50 | 87.51 | 87.84 | ⋯ | 91.20 | ⋯ | 119.09 |
| 西 11 | 40.88 | 54.24 | 69.26 | 74.21 | ⋯ | 89.67 | 91.14 | 91.45 | 92.20 | 92.79 | ⋯ | 97.50 | ⋯ | 124.83 |
| 沉降差 | 5.56 | 5.06 | 5.42 | 5.59 | ⋯ | 6.10 | 5.72 | 4.95 | 4.69 | 4.95 | ⋯ | 6.30 | ⋯ | 5.74 |
| 施工进展 内筒 | F72 | F78 | F79 | F79 | ⋯ | F89 | F91 | F91 | F93 | F94 | 封顶期间 | | ⋯ | 封顶后 |
| 施工进展 外筒 | F62 | F66 | F69 | F73 | ⋯ | F85 | F87 | F88 | F89 | F91 | | | | |

注：实际封顶在 2007 年 9 月～12 月间，取测量 40 次。2008 年 8 月 28 日竣工，测量 51 次后暂停。

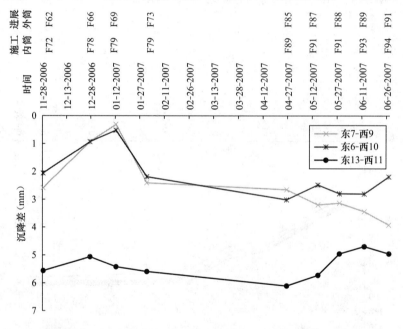

图 1-16　核心筒东边 E 与西边 W 对应测点的沉降差随时间变化

　　但是，大楼沉降的关键问题在于不均匀沉降和倾斜。因此，还要从沉降差进行分析。现把表 1-8 按东西两边的对应测点重新排列，如表 1-9 所示，把东边的测点 7、6 和 13 与其对应的西边的测点 9、10 和 11 的数据，绘制成图 1-16，不难发现：西边的测点 9、10 和 11 的沉降均比对应东边的测点 7、6 和 13 的沉降大些。说明大楼略向西倾斜，而且，随时间略有增加，尽管是极其微小，也应略加注意。

## 1.4.2　环球中心的外筒沉降分析

　　从图 1-1 可见，外筒 14 号～29 号布置比较分散，有的在外筒上，有的在外筒旁边，也有的距离外筒相当远的地方，同时，有些测点是重新建立，新测点的数据是依靠前后左右已有的数据进行补充，存在一定误差。但是，对判断沉降的总的发展趋势是很有裨益的。

外筒的 14～29 号的沉降数据列于表 1-10 中，并绘制各测点沉降随时间的变化，见图 1-17。从图 1-17 可见，沉降的发展是近似直线，沉降仍是比较均匀，同时，沉降逐步以缓慢速率发展而趋于稳定。

环球中心外筒各测点沉降（mm）　　　　　　　　　　　　　　　　表 1-10

| 测次<br>日期 | 22<br>2006/11/28 | 23<br>12/27 | 24<br>2007/01/12 | 25<br>01/31 | … | 30<br>04/26 | 31<br>05/15 | 32<br>05/28 | 33<br>06/12 | 34<br>06/27 | … | 40<br>10/30 | … | 51<br>2008/05/13 |
|---|---|---|---|---|---|---|---|---|---|---|---|---|---|---|
| 东 14 | 32.23 | 39.40 | 9.31 | 51.33 | … | 63.62 | 65.99 | 67.07 | 67.21 | 67.99 | … | 72.71 | … | — |
| 东 15 | 30.90 | 37.36 | 46.81 | 48.32 | … | 62.14 | 64.49 | 65.83 | 66.20 | 66.85 | … | 71.47 | … | |
| 东 16 | 新28.82 | 32.53 | 40.22 | 42.44 | … | 新53.16 | 55.32 | 56.39 | 56.66 | 57.49 | … | | … | |
| 北 17 | 25.34 | 33.85 | 42.86 | 44.74 | … | 未能推测 | | | | | … | | … | |
| 北 18 | 新33.88 | 43.45 | 52.45 | 55.12 | … | 新未能推测 | | | | | … | | … | |
| 北 19 | 28.63 | 40.27 | 49.25 | 52.47 | … | 64.23 | 65.95 | 66.63 | 67.45 | 67.47 | … | | … | |
| 西 20 | 新35.57 | 43.64 | 53.42 | 55.98 | … | 新68.14 | 70.08 | 70.86 | 71.62 | 72.01 | … | — | … | |
| 西 21 | 新35.27 | 43.90 | 53.12 | 56.89 | … | 新68.63 | 70.67 | 71.78 | 72.36 | 72.82 | … | — | … | |
| 西 22 | 新36.72 | 46.78 | 55.90 | 57.81 | … | 新70.56 | 72.71 | 73.73 | 73.99 | 74.31 | … | — | … | |
| 西 23 | 33.16 | 43.12 | 52.35 | 54.35 | … | 62.52 | 63.24 | 63.74 | 64.75 | 65.35 | … | | … | |
| 西 24 | 26.99 | 35.82 | 41.86 | 45.94 | … | 未能推测 | | | | | … | 71.63 | … | |
| 南 25 | 30.24 | 39.68 | 48.71 | 51.32 | … | 63.62 | 65.12 | 65.82 | 66.16 | — | … | | … | |
| 南 26 | 新27.68 | 37.64 | 45.62 | 48.26 | … | 新58.69 | 59.69 | 60.29 | 60.69 | 61.17 | … | 67.31 | … | |
| 南 27 | 27.18 | 35.19 | 44.28 | 46.67 | … | 55.82 | 56.98 | 57.68 | 57.88 | | … | 62.86 | … | |
| 东 28 | 25.88 | 29.15 | 38.75 | 40.92 | … | 51.97 | 54.21 | 55.01 | 未能推测 | | … | 60.09 | … | |
| 东 29 | 30.55 | 38.13 | 47.77 | 50.11 | … | 62.23 | 64.09 | 65.24 | 65.42 | 65.78 | … | 71.21 | … | |
| 施工进展 内筒 | F72 | F78 | F79 | F79 | … | F89 | F91 | F91 | F93 | F94 | … | 封顶期间 | … | 封顶后 |
| 施工进展 外筒 | F62 | F66 | F69 | F73 | … | F85 | F87 | F88 | F89 | F91 | | | | |

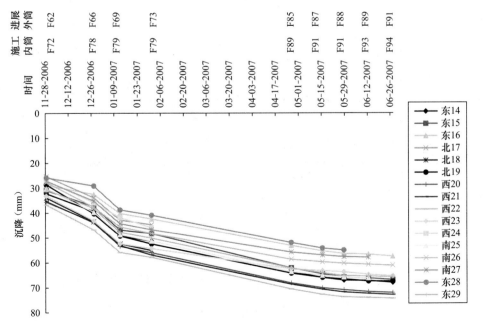

图 1-17　外筒东边 E 与西边 W 对应测点的沉降差随时间变化

同前一样，为了说明东西或南北是否倾斜，需要把表 1-10 按东西或南北两边的对应测点重新排列。现仅把东西两边对应测点列于表 1-11 中。

外筒东边 E 与西边 W 对应测点的沉降差（mm）　　　　　表 1-11

| 测次 | 22 | 23 | 24 | 25 | … | 30 | 31 | 32 | 33 | 34 | … | 40 | … | 51 |
|---|---|---|---|---|---|---|---|---|---|---|---|---|---|---|
| 日期 | 2006/11/28 | 12/27 | 2007/01/12 | 01/31 | … | 04/26 | 05/15 | 05/28 | 06/12 | 06/27 | … | 10/30 | … | 2008/05/13 |
| 东 16 | 新 28.82 | 32.53 | 40.22 | 42.44 | … | 新 53.16 | 55.32 | 56.39 | 56.66 | 57.49 | … | 72.71 | … | — |
| 西 20 | 新 35.57 | 43.64 | 53.42 | 55.98 | … | 新 68.14 | 70.08 | 70.86 | 71.62 | 72.01 | … | — | … | — |
| 沉降差 | 6.75 | 11.11 | 13.20 | 13.54 | … | 14.98 | 14.76 | 14.47 | 14.96 | 14.52 | … | — | … | — |
| 东 15 | 30.90 | 37.36 | 46.81 | 48.32 | … | 62.14 | 64.49 | 65.83 | 66.20 | 66.85 | … | 71.47 | … | |
| 西 21 | 新 35.27 | 43.90 | 53.12 | 56.89 | … | 新 68.63 | 70.67 | 71.78 | 72.36 | 72.82 | … | — | … | |
| 沉降差 | 4.37 | 5.54 | 6.31 | 8.57 | … | 6.49 | 6.18 | 5.95 | 6.16 | 5.97 | … | — | … | |
| 东 14 | 32.23 | 39.40 | 49.31 | 51.33 | … | 63.62 | 65.99 | 67.07 | 67.2 | 67.99 | … | 72.71 | … | |
| 西 22 | 新 36.72 | 46.78 | 55.90 | 57.81 | … | 新 70.56 | 72.71 | 73.73 | 73.99 | 74.31 | … | — | … | |
| 沉降差 | 4.49 | 7.38 | 6.59 | 6.48 | … | 6.94 | 6.72 | 6.66 | 6.78 | 6.32 | … | — | … | |
| 东 29 | 30.55 | 38.13 | 47.77 | 50.11 | … | 62.23 | 64.09 | 65.24 | 65.42 | 65.78 | … | 71.21 | … | |
| 西 23 | 33.16 | 43.12 | 52.35 | 54.35 | … | 62.52 | 63.24 | 63.74 | 64.75 | 65.35 | … | — | … | |
| 沉降差 | 2.61 | 4.92 | 4.58 | 4.24 | … | 0.29 | −0.85 | −1.50 | −0.67 | −0.43 | … | — | … | |
| 东 28 | 25.88 | 29.15 | 38.75 | 40.92 | … | 51.97 | 54.21 | 55.01 | 未能推测 | | … | 60.09 | … | |
| 西 24 | 26.99 | 35.82 | 41.86 | 45.94 | … | 未能推测 | | | | | … | 71.63 | … | |
| 沉降差 | 1.11 | 6.67 | 3.11 | 5.02 | … | — | | | | | … | 11.64 | … | |
| 施工进展 内筒 | F72 | F78 | F79 | F79 | … | F89 | F91 | F91 | F93 | F94 | … | 封顶期间 | … | 封顶后 |
| 施工进展 外筒 | F62 | F66 | F69 | F73 | … | F85 | F87 | F88 | F89 | F91 | … | | | |

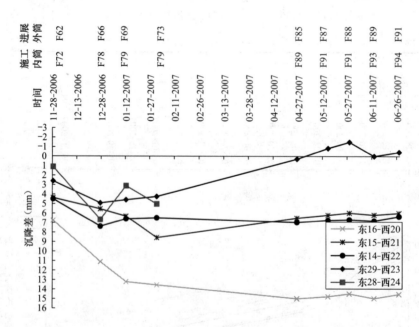

图 1-18　外筒东边 E 与西边 W 对应测点的沉降差随时间变化

从表 1-11 可见，东西两边测点的沉降差最大不超过 15mm，而距离为 68m，倾斜是微不足道的，可以忽略不计。总的趋势是略向西倾斜，见图 1-18。随时间发展的迹象不像核心筒那样明显，这与外筒 14～29 号布置比较分散以及有的测点新建立等因素有关。

至于南北向有无倾斜问题，总的来说，不大明显，这里从略。

根据初步设计，风荷载等引起的弯矩为 $28 \times 10^6 \mathrm{kN \cdot m}$，产生角桩的附加反力超过静荷载的 1/3，可表明当初设计有微小的倾斜。

特别强调：沉降测量是一项非常重要的工作，依靠这些数据可以检验工程的质量，又可预防事故的发生，但是工作很艰苦，本工程的测量是在三层地下室的底层工作，既黑暗又潮湿，蚊子又多，测点常常被挡住或被埋，条件很差，能够获得有效数据是很宝贵难得的。

## 1.5 沉降对环球中心基础刚度的综合分析

根据数十年对基础刚度的长期体会，有下列实践和理论的认识。本部分侧重从实践角度对基础刚度进行分析，同时，对理论的研究只作概括的分析，以加深对基础刚度的认识。

### 1.5.1 基础刚度的实践认识

从基础沉降的形状的变化来判断基础刚度的形成和不变性。

在 20 世纪 70 年代最早建造的 12 层康乐大楼[2]，箱形基础，埋深约 6m，基坑施工采用钢板桩。基坑完成后，拔除钢板桩将周边的土带出，引起基础周边下沉，使基础沉降呈倒锅形，当时地面一层已经完工，暂时停工两周，使得基础的刚度有时间完全形成，随后，上部结构继续施工，直至竣工，基础沉降的形状保持不变，而且，箱基的底板应力也基本不增加。这个实测工程给我们留下深刻印象，可根据基础沉降的形状变化研究基础刚度的形成，同时，也相应地根据基础应力的变化研究基础刚度的作用。20 世纪 80 年代上海现场实测的桩箱（筏）工程所得的数据，也同样得到论证[9]。这样，更加强了研究上部结构刚度对基础刚度贡献作用的信心。

### 1.5.2 基础刚度的理论认识

采用基础刚度的理论公式和子结构方法两个方面都可以研究基础刚度。目前，上部结构的设计是建立在基础为绝对刚性的假定之上，即基础在受力后不会发生弯曲变形。显然，与实际情况并不相符，根据 4m 筏厚的金茂大厦和 4.5m 筏厚的环球中心的基础沉降观测，基础也是弯曲的。实际上，基础可视为一个弹性体。因此，研究桩箱（筏）基础的刚度计算，对实际工程设计是相当重要的。

桩箱（筏）基础刚度是个相对概念，表示箱（筏）-桩-土体系的相对刚度，而桩箱（筏）基础的整体相对刚度是桩-土相对刚度与箱（筏）-土相对刚度的综合。

为了比较深入地研究桩箱（筏）基础刚度，列举如下一些有代表性的计算刚度的公式。

#### 1.5.2.1 箱（筏）基础刚度计算公式

研究者通过量纲分析，提出箱（筏）基础相对刚度 $K_r$ 的计算式。

S. J. Hain 等定义 $K_r$ 为：

$$K_r = 4E_r t_r^3 B_r (1 - \nu_s^2)/(3\pi E_s L_r^4) \tag{1-9}$$

式中　　$E_r$——箱（筏）基础材料的弹性模量；

$E_s$——土的弹性模量；

$L_r$，$t_r$，$B_r$——箱基底板（筏板）的长度、宽度和厚度；

$\nu_s$——土的泊松比。

式（1-9）对于箱（筏）基体系的刚度判断标准为：

$$K_r > 10 \quad 刚性$$

$$K_r < 0.0 \quad 柔性$$

Fraser 等定义 $K_r$ 为：

$$K_r = 4E_r(1-\nu_s^2)t_r^3/[3E_s(1-\nu_r^2)B_r^3] \tag{1-10}$$

式中 $\nu_r$——箱（筏）基材料的泊松比；

其他符号定义同前。

L. A. Wood 在对式（1-10）进一步分析的基础上，提出一个更为实用的 $K_r$ 计算式：

$$K_r = E_r(1-\nu_s^2)t_r^3/[E_s(1-\nu_r^2)(\sqrt{A})^3] \tag{1-11}$$

式中 $A$——箱（筏）基的面积。

为了与后述桩箱（筏）基础整体相对刚度相匹配，阳吉宝[24]推荐用式（1-11）计算箱（筏）-土体系的相对刚度。

### 1.5.2.2 桩箱（筏）基础刚度计算公式

杨敏[28]通过试验和数值分析，提出桩箱（筏）基础的整体相对刚度 $K$ 的公式：

$$K = E_r t_r^3 \delta_p/[12(1-\nu_s^2)s\sqrt{A}] \tag{1-12}$$

式中 $s$——桩间距；

$\delta_p$——单位荷载下单桩沉降。

式（1-12）将桩箱（筏）基础按相对刚度 $K$ 的大小分为四种状态：

柔性状态 $\quad K \leqslant 10^{-2} \quad$ 柔性点 $K = 10^{-2}$

弹性状态 $\quad 10^{-2} < K < 1 \quad$ 弹性点 $K = 0.30$

刚性状态 $\quad 1 \leqslant K \leqslant 10 \quad$ 刚性点 $K = 1.0$

绝对刚性状态 $\quad K \geqslant 10$

P. Clancy 等以下式将桩土、箱（筏）土的相对刚度统一起来：

$$\begin{bmatrix} 1/K_p & d_{pr}/K_r \\ d_{rp}/K_p & 1/K_r \end{bmatrix} \begin{Bmatrix} P_p \\ P_r \end{Bmatrix} = \begin{Bmatrix} w_p \\ w_r \end{Bmatrix} \tag{1-13}$$

式中 $w_p$，$w_r$——桩箱（筏）基础的桩与箱（筏）位移；

$P_p$，$P_r$——桩箱（筏）基础的桩与箱（筏）分担的荷载；

$K_p$，$K_r$——群桩及箱（筏）的相对刚度；

$d_{rp}$，$d_{pr}$——桩对箱（筏）和箱（筏）对桩的影响系数。

P. Clancy 还证明下列两式可以成立：

1）$d_{rp}/K_p = d_{pr}/K_r$；

2）$w_p = w_r = w_{pr}$，$w_{pr}$ 为桩箱（筏）基础沉降，并推导出：

$$P_p = \frac{[1 - K_r(d_{rp}/K_p)]w_{pr}}{(1/K_p) - K_r(d_{rp}/K_p)^2} \tag{1-14}$$

$$P_r = \frac{[(K_r/K_p) - K_r(d_{rp}/K_p)]w_{pr}}{(1/K_p) - K_r(d_{rp}/K_p)^2} \tag{1-15}$$

最后，P. Clancy 给出桩箱（筏）基础整体相对刚度 $K$ 计算式：

$$K = \frac{(p_p + p_r)}{w_{pr}} = \frac{[K_p + K_r(1 - 2d_{rp})]}{[1 - (K_r/K_p)d_{rp}^2]} \qquad (1\text{-}16)$$

W. G. K. Fleming 等提出式（1-15）中的 $d_{rp}$ 由下式确定：

$$d_{rp} = \ln(r_m/r_r)/\ln(r_m/r_0) \qquad (1\text{-}17)$$

$$r_m = 2.5L(1 - v_s); \quad r_r = \sqrt{A/(n\pi)} \qquad (1\text{-}18)$$

式中　$L$——桩长；

　　　$n$——桩数；

　　　$r_0$——桩径；

其他符号定义同前。

近年来陈云敏等[25]提出桩筏基础相对刚度的公式：

$$K_{RP} = \frac{E_R H_R^3 B_R S_a}{12(1 - \mu_R^2)L_R^4 m K_P} \qquad (1\text{-}19)$$

$$K_p = P/s_p \qquad (1\text{-}20)$$

式中　$K_{RP}$——桩筏基础相对刚度；

　　$E_R, \mu_R$——筏板混凝土弹性模量和泊松比；

$H_R, B_R, L_R$——筏板厚度、宽度和长度；

　　　$S_a$——桩间距，如果布置桩不规则时按照 $S_a = \sqrt{A_R/n_p}$ 计算，其中 $A_R$ 为筏板面积，$n_p$ 为筏板下桩总数；

　　　$P$——筏板下单桩的平均荷载；

　　　$s_p$——对应筏板下单桩在 $P$ 荷载后的群桩沉降；

　　　$m$——筏板下桩的置换率，$m = n_p A_p/A_R$，其中 $A_p$ 为桩的面积。

### 1.5.2.3　桩箱（筏）基础刚度计算实例

这里指出：利用基础刚度，可以进行桩箱（筏）荷载分担比的计算，这里从略。为了说明以上公式的应用，列举如下三例。

例一：上海贸海（兰生）宾馆，26 层，采用桩筏基础，基础面积 $A = 1320\text{m}^2$，桩数 $n = 200$，有效桩长 $L = 53\text{m}$，采用 $\phi609$ 超长钢管桩，桩间距 $S = 1.91 \sim 1.95\text{m}$，筏厚 $t_r = 2.3\text{m}$。采用 C30 混凝土，在现场进行单桩静载试验求得 $\delta_p = 0.005 \times 10^{-6}\text{m/N}$。土的压缩模量 $E_s = 4.8595\text{MPa}$。

1）桩筏基础的整体相对刚度 $K$

利用式（1-12）计算桩箱（筏）基础的整体相对刚度 $K$，已知：$t_r = 2.3\text{m}$，$\sqrt{A} = 36.33\text{m}$，$s = 1.94\text{m}$。对于 C30 混凝土的 $E_r = 28000\text{MPa}$，$v_s$ 为土的泊松比 $= 0.20$（桩尖土）。

单桩柔度系数 $\delta_p$ 由该工程试桩结果直接得到：$\delta_p = 5 \times 10^{-9}\text{m/N}$，所以：

$$K = E_r t_r^3 \delta_p / [12(1 - v_r^2)s\sqrt{A}] = 2.1$$

2）筏-土体系相对刚度 $K_r$

利用式（1-11）计算箱（筏）基体系的刚度，已知：土的压缩模量 $E_s = 4.8595\text{MPa}$，C30 混凝土的 $E_r = 28000\text{MPa}$ 和上述参数。取 $v_s = 0.35$ 得：

$$K_r = E_r \cdot (1 - v_s^2)t_r^3 / [E_s(1 - v_r^2)(\sqrt{A})^3] = 1.336$$

3）求 $d_{rp}$

利用式（1-17），已知：$r_m = 86.125m$，$r_r = 1.4498m$，$r_0 = 0.3045$。

所以，$d_{rp} = \ln (r_m/r_r)/\ln (r_m/r_0) = 0.7236$。

4）群桩相对刚度 $K_p$

根据（1-16）式，将前1）、2）和3）求得的 $K = 2.1$，$K_r = 1.3361$，$d_{rp} = 0.7236$ 代入得：

$$K_p^2 - 2.6975K_p + 1.4518 = 0$$

$$K_p = 1.955 \quad 或 \quad K_p = 0.743$$

根据现场实测结果，结构竣工时桩与筏板的荷载分担比分别为74%和26%[9]，因此，可取 $K_p = 1.955$。

例二：上海金茂大厦，88层，采用桩筏基础，基础面积 $A = 3519m^2$，桩数 $n = 429$，桩长 $L = 83m$，采用 $\phi914$ 超长钢管桩，桩间距 $S = 2.864m$，筏厚 $t_r = 4.0m$。混凝土强度为C50。在现场进行单桩静载试验求得 $\delta_p = 0.0035 \times 10^{-6}$ m/N。土的压缩模量 $E_s = 6.123MPa$，计算 $K$、$K_r$ 和 $K_p$ 的结果见表1-12。

例三：上海环球中心，101层，采用桩筏基础，基础面积 $A = 6200m^2$，桩数 $n = 1177$，桩长 $L = 79m$，采用 $\phi700$ 超长钢管桩，桩间距 $S = 2.295m$，筏厚 $t_r = 4.5m$。混凝土强度为C50。曾在现场进行单桩静载试验，$\delta_p = 0.0038 \times 10^{-6}$ m/N。土的压缩模量 $E_s = 6.10MPa$。计算 $K$、$K_r$ 和 $K_p$ 的结果见表1-12。

金茂大厦和环球中心的桩筏基础刚度的具体计算从略。汇总三个工程实例的桩筏基础刚度（见表1-12），加以比较，以加深对桩筏基础刚度的认识。

三幢大楼的桩筏基础刚度的比较     表 1-12

| 工程名称 | 桩筏基础整体相对刚度 $K$ | 筏基体系刚度 $K_r$ | 群桩相对刚度 $K_p$ |
|---|---|---|---|
| 贸海宾馆 | 2.1 | 1.336 | 1.955 |
| 金茂大厦 | 3.2 | 1.281 | 2.216 |
| 环球中心 | 4.7 | 0.783 | 4.614 |

按照前述划分基础刚度的标准，三幢大楼也不是绝对刚性基础。对筏基体系刚度 $K_r$ 而言，以贸海宾馆最大，而金茂大厦和环球中心的基础各有所不同。

通过上述三例分析可见，基础底板厚度对 $K$，$K_r$ 的影响较大，同时也说明合理确定基础底板厚度具有重要意义，既具有基础优化设计的科学性和合理性，对施工造价来说也具有较大的经济性。

### 1.5.3 沉降对金茂大厦和环球中心基础刚度的综合分析

首先说明：试从实践和对比方法分析环球桩筏基础的刚度，因此，下面将列举金茂大厦和环球中心的基础沉降的 E-W 和 S-N 两个剖面，说明研究两幢大楼的刚度的重要性。

其次说明，刚度因施工需要和结构有所差异，金茂大厦和环球中心主楼层数的刚度有所不同。例如，金茂大厦的核心筒率先于钢结构的施工，一般相差 10～20 层。由于在不同的竖向荷载作用下，垂直沉降有些差异，其差异沉降发生在核心筒与钢结构（包括复合巨型柱与钢巨型柱）所在的底板部位，测点的布置见图1-10。而环球中心的施工有所差别，内筒率先于外筒的施工，在 2006 年 8 月 28 日前，内筒施工到 56 层时，与内外筒一般相差 12 层到 19 层，以后，随着层数增加，逐步从 13 层减少相差到 4 层以下。测点的布置见图 1-1。

再次说明，前面已经强调沉降测量的重要性和艰苦性，标点是固定，但每次的精度均有一定的误差，而最后的累计沉降之和是相对准确。

基于上述情况，分析下面的金茂大厦和环球中心基础沉降的 E-W 和 S-N 两个剖面，从整个沉降发展趋势，进行实践和理论分析，才能得到一个合理的评价。

### 1.5.3.1 沉降对金茂大厦基础刚度的综合分析

根据 149 次沉降测量中 8 次沉降测量数据，按 E-W 测点、N-S 测点方向、相应日期和施工进程绘制 E-W 测点、N-S 测点（见前图 1-10）的剖面图 1-19 和图 1-20。这样，可以既形象又具体地分析金茂大厦的基础刚度，以便和环球中心的基础刚度比较。

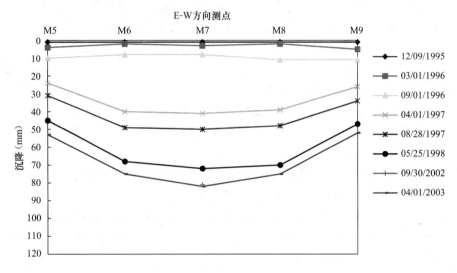

图 1-19 金茂大厦 E-W 沉降剖面图

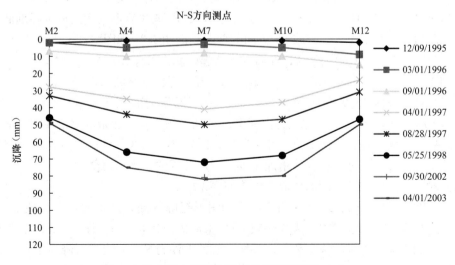

图 1-20 金茂大厦 N-S 沉降剖面图

从 1996 年 9 月 1 日第 48 次沉降测量（施工进度为核心筒施工至 A25，复合巨型柱施工 A16，钢结构施工 A19）到 1997 年 4 月 1 日第 80 次沉降测量（施工进度为核心筒施工至 A73，复合巨型柱施工 A55，钢结构施工 A60）中间 32 次测量数据缺少，无法分析在什么时间和哪个楼层时的沉降剖面形状与 1997 年 4 月 1 日的沉降剖面形状相同。因此，也无法确定上部结构对基础的贡献程度和对筏基应力的影响作用。

但是，从 E-W 方向和 N-S 方向的两个沉降剖面图 1-19 和图 1-20 可见，在 1996 年 9 月 1 日，测点 M5，M6，M7，M8，M9（E-W 方向）和测点 M2，M4，M7，M10，M12（N-S 方向），已形成倒锅形沉降剖面。

另一方面，从 1997 年 4 月 1 日起，E-W 方向和 N-S 方向的两个沉降剖面图 1-19 和图 1-20 可见，已形成正锅形沉降剖面。

前后相隔正好 7 个月，核心筒施工增加 48A，复合巨型柱施工增加 39A，钢结构施工增加 41A，为什么能够把一个 4m 厚的桩筏基础从倒锅形沉降剖面变成正锅形沉降剖面呢？显然，核心筒总重量比复合巨型柱的总重量要大，内外重量的差异，至于核心筒率先施工是施工安排顺序所致，这种从倒锅形沉降剖面变成正锅形沉降剖面的变化，可充分说明 4m 厚的桩筏基础，不是绝对刚性基础，前面按理论公式计算说明金茂大厦桩筏基础也不是绝对刚性基础。可以认为，以前的研究人员所定的绝对刚性概念是不合理，基础刚度的大小是一个相对概念而已。其实，基于弹性理论的高层建筑与地基基础共同作用计算和现场实测结果相符合早已论证[9]。这样，根据沉降对金茂大厦基础刚度综合分析的一个重大收获，就是可以确切地把基础视作为弹性体。

这些宝贵的数据将为高层和超高层建筑的桩筏基础设计改革提供充分的依据。

### 1.5.3.2 沉降对环球中心基础刚度的综合分析

与 1.5.3.1 对金茂大厦桩筏基础刚度分析步骤基本相同，根据沉降对环球中心基础刚度进行综合分析。由于环球中心的测量数据很完整，可分三个阶段的倒锅形沉降剖面、近似水平线形沉降剖面和正锅形沉降剖面。

第一阶段——从 E-W 方向和 N-S 方向的两个沉降剖面图 1-21 和图 1-22 可见，在 2005 年 5 月 29 日（相应施工进程为 B1F 结构完成）的测点（见前图 1-1）22，10，4，1，2，8，14 和在 7 月 18 日的测点 18，8，3，1，5，12，26 先后形成倒锅形沉降剖面。

第二阶段——从 E-W 方向和 N-S 方向的两个剖面图 1-21 和图 1-22 可见，从 2006 年 9 月 25 日（相应施工进程为内筒 58F 外筒 50F）起，测点 22，10，4，1，2，8，14（E-W 方向）和 18，8，3，1，5，12，26（N-S 方向）开始近似水平线形沉降剖面。

第三阶段——从 E-W 方向和 N-S 方向的两个沉降剖面图 1-21 和图 1-22 可见，从 2006 年 10 月 26 日（相应施工进程为内筒 F65 外筒 F56）起，开始形成很浅的正锅形沉降剖面，随后，内筒五点在逐次测量中几乎以等沉降增加，同样，外筒两点在逐次测量中也几乎以等沉降增加，不过，比内筒增加量少，形成较深的正锅形沉降剖面。

下面对三个阶段的沉降剖面形成原因作简要说明。

为什么在 2005 年 5 月 29 日的测点形成倒锅形沉降剖面，这是比较容易理解。那时，相应施工进程为 FB1 结构完成，仍处在土的自重应力阶段，一个深达 18m 多的基坑，回弹（上浮）的力大于当时的施工荷载，基坑中心的上浮力最大，自然沉降最小。

从第一阶段的倒锅形沉降剖面转变为第二阶段的近似水平线形沉降剖面，经历着 1 年

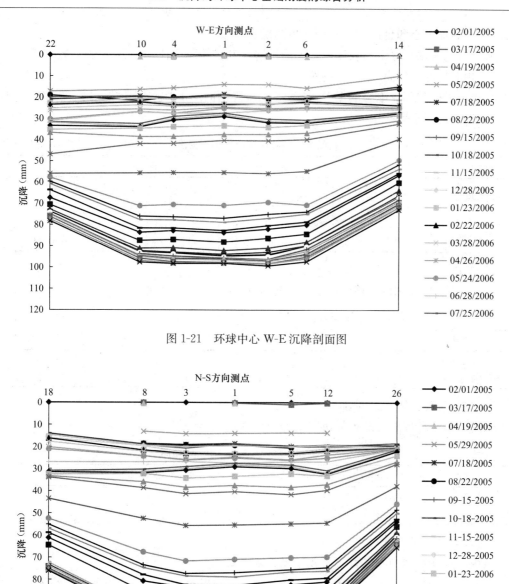

图 1-21 环球中心 W-E 沉降剖面图

图 1-22 环球中心 N-S 沉降剖面图

4 个月，相应建造内筒 58 层和外筒 50 层。但是，从第二阶段的近似水平线形沉降剖面转变为第三阶段的正锅形沉降剖面，只用了 1 个月，相应增加建造了内筒 7 层和外筒 6 层。因为前者倒拱受力，后者平板受荷，这样，比较容易理解。从三个阶段的变化，可以充分说明：一个 4.5m 厚的桩筏基础如同金茂大厦一个 4.0m 厚的桩筏基础一样，可以视作为一个弹性体，它比金茂大厦的测量数据详细，更有说服力，又进一步得到论证。

#### 1.5.3.3 环球中心和金茂大厦基础刚度的综合比较

从相对挠度比、厚度与长度比、差异沉降比和桩筏刚度比四个方面做综合分析。

1）相对挠度（矢高/弦长）的对比

从金茂大厦和环球中心的 E-W 和 N-S 的沉降剖面图 1-19～图 1-22 可直接量得相对挠度，结果如表 1-13 所示。

金茂大厦和环球中心的相对挠度 表 1-13

| 工程名称 | 弦长（m） | 矢高（cm） | 矢高/弦长 | 说　明 |
|---|---|---|---|---|
| 金茂大厦 | N-S 62.35 | 2.70 | 1：2396 | 1997/08/28 |
|  | W-E 62.14 | 2.70 | 1：2301 | 结构封顶 |
| 环球中心 | N-S 64.56 | 3.00 | 1：2150 | 2007/09/14 |
|  | W-E 70.30 | 2.70 | 1：2600 | 结构封顶 |

2）基础的筏厚与基础长度对比

金茂大厦和环球中心的筏厚度与基础长度的对比，见表 1-14。

金茂大厦和环球中心的筏厚/基础长度 表 1-14

| 工程名称 | 筏厚（m） | 基础长度（m） | 筏厚/基础长度 |
|---|---|---|---|
| 金茂大厦 | 4.0 | 59.31 | 1：14.83 |
| 环球中心 | 4.5 | 78.74 | 1：17.50 |

3）差异沉降与距离的对比

金茂大厦和环球中心的差异沉降与距离的对比见表 1-15。

金茂大厦和环球中心的差异沉降/距离 表 1-15

| 工程名称 | 最大差异沉降（mm） | 两点距离（m） | 差异沉降/距离 | 说　明 |
|---|---|---|---|---|
| 金茂大厦 | 33.00 | 31.250 | 1：947 | E-W，M7 与 M5 测点 |
| 环球中心 | 30.52 | 12.956 | 1：432 | N-S，12 与 26 测点 |

4）计算桩筏刚度的对比

金茂大厦和环球中心的计算桩筏刚度见表 1-16。

金茂大厦和环球中心的计算桩筏刚度 表 1-16

| 工程名称 | $K$ | $K_r$ | $K_p$ |
|---|---|---|---|
| 金茂大厦 | 3.2 | 1.281 | 2.216 |
| 环球中心 | 4.7 | 0.783 | 4.614 |

注：$K$—桩筏基础整体相对刚度，$K_r$—筏基体系刚度，$K_p$—群桩相对刚度。

现在，对金茂大厦和环球中心的基础刚度做综合比较，见表 1-17。

环球中心和金茂大厦基础刚度综合比较 表 1-17

| 工程名称 | 矢高/弦长 | 筏厚/长度 | 桩长/直径 | 差异沉降/距离 | $K$ | $K_r$ | $K_p$ |
|---|---|---|---|---|---|---|---|
| 金茂大厦 | 1：2301 | 1：14.83 | 91.8 | 1：947 | 3.2 | 1.281 | 2.216 |
| 环球中心 | 1：2150 | 1：17.50 | 112.9 | 1：432 | 4.7 | 0.783 | 4.614 |

从表可见，各有优缺点，从理论和实践角度分析，金茂大厦的桩筏基础较好。该表数据对今后新建超高层的桩筏基础设计有参考价值，有利于改进设计。

# 1.6 结论

本章详细论述三个问题：环球中心变形的综合分析、环球中心沉降均匀性的综合分析和环球中心沉降对基础刚度的综合分析，可归纳以下三方面的重要结论。

（1）环球中心变形的综合分析

1）三幢超高层建筑没有明显的三个受力阶段（土的自重压力、净压力和恒压力）或者瞬时变形、主固结变形和次固结变形三个变形阶段。不过，这三个受力阶段，对地基变形分析仍有指导意义。

2）在论述三幢超高层建筑中同样论证一般回弹再压缩概念的正确性。即环球中心由于基坑完成后停留时间较长，然后基础施工，其再压缩变形大于金茂大厦和恒隆广场，见图 1-9 的 $0a'$（恒隆广场），$0a$（金茂大厦）和 $0$（$a$）（环球中心）。

前面在论述环球中心的回弹的同时，兼论上海中心大厦的回弹，进一步表明，基坑回弹的实测、计算理论、统计-经验公式、能量恒等理念和根据变形-时间曲线反算方法具有很好的实践意义。

3）在接近结构封顶前的一个阶段，荷载将达约 $85\%\sim90\%$，三幢大楼均有一个很大的转折点，沉降速率最大，其中以环球中心为最，见图 1-9 中的 $(c)$ $(d)$ 曲线段，与恒隆广场的 $c'd'$ 曲线段相仿，这可能是一个土的结构性破坏阶段。

4）对沉降大小的评价，按照目前的分析，以环球中心为最大，在结构封顶时，核心中心点 1 的沉降已接近 100mm。为什么呢？从表 1-1 的基本资料可见，在三幢大楼中，环球中心的桩数最多，桩的安全系数最大，基础底面的平均压力最小，只是桩的直径较小，长径比大，面积最大，比金茂大厦的约大 1.7 倍，这就是后两个因素造成环球中心沉降最大的原因，其中以面积大影响为甚。如果，以前述的预估高层和超高层建筑在竣工时的沉降的统计-经验公式（1-6）~式（1-8）：$S_B \approx 1.4 S_C = 110$mm 分析，可定量估计沉降量。再从金茂大厦和恒隆广场的沉降分析，可以预计，环球中心的核心中心点 1 的稳定沉降将超过 150mm。

综观国际上的超高层建筑，沉降均控制在 100mm 以内，这种要求是合理。环球中心的核心中心的最大沉降在 5 年后的稳定沉降将超过 150mm，其平均沉降大于 100mm，对于上海软土地区，还是容许的。

应用统计-经验公式预测竣工时的沉降是很简便实用的。

5）对沉降速率的评价。这里涉及两种概念：以"mm/天"或"mm/层"表示。看来，以前者表示比后者为确切，后者的层数不明确。对于环球中心，最大沉降速率发生在内筒 F72、外筒 F62 完成开始到内筒 F79、外筒 F69（2006 年 11 月 28 日~2007 年 1 月 12 日的 44 天内），以 0.69mm/天或 4.4mm/层速率沉降，这是三幢大楼最大的沉降速率。顺便提到：世界第一高楼，阿联酋的迪拜哈利法塔，筏厚只有 3.7m，大楼的施工速率为 3 天 1 层楼。因此，如果大楼是均匀沉降，又无特殊要求，那么大楼沉降速率大不影响其施工质量。

应予强调：对于高层和超高层建筑，关键是倾斜问题。如果沉降速率又快，那将会发生事故，上海四平路上的一幢斜楼，就是一个严重的教训。

6）对稳定沉降的评价。根据三幢大楼从沉降测量开始到竣工止，施工期间约为 3 年~3 年半。而金茂大厦有超过 15 年的沉降测量数据（沉降数据到 2007 年 12 月止），表 1-18 取中心点的沉降数据统计。

三幢大楼的结构封顶、竣工和稳定沉降数据的汇总（mm）　　　表 1-18

| 工程名称 | 结构封顶沉降（日期） | 竣工沉降（日期） | 稳定沉降（日期） | 三者比例测量期限 |
|---|---|---|---|---|
| 金茂大厦 | 50<br>(1997-08-28) | 70<br>(1998-05-25) | 85<br>(2007-12-31) | 1：1.4：1.7<br>1995-10-05～2007-12-31 |
| 恒隆广场 | 51<br>(2000-03-16) | 59<br>(2001-05-15) | 推测 75<br>— | 1：1.2：1.5<br>1998-03-27～2001-05-15 |
| 环球中心 | 97.79<br>(2007-09-14) | 126.30<br>(2008-05-13) | 推测≥150 | 1：1.29：1.6<br>2005-02-16～2008-04-13 |

注：沉降数据均指中心点或最大沉降点沉降。环球中心沉降测量到 2008/05/13 暂时停止。

考虑三个工程施工时间约为 3 年～3 年半，预计环球中心竣工时测点 1 的沉降≥150mm。同时，可利用这些宝贵的数据，推测今后类似的超高层建筑的沉降。

（2）环球中心沉降均匀性的综合分析

1）总的沉降相当均匀。

2）东西两边测点的沉降差最大不超过 15mm，而距离为 68m，倾斜是微不足道，可以忽略不计。总的趋势是略向西倾斜。

（3）环球中心沉降对基础刚度的综合分析

1）从理论公式分析三幢工程实例（贸海宾馆、金茂大厦和金融中心）的桩筏基础整体相对刚度 $K$，筏基体系刚度 $K_r$ 和群桩相对刚度 $K_p$，此外，还就金茂大厦和环球中心的沉降矢高/弦长比，筏厚度/基础长度比，差异沉降/距离比四个方面对基础刚度进行了综合比较。显然，对今后超高层的桩筏基础设计具有参考价值。

2）从现场实测分析金茂大厦和环球中心的 E-W 和 N-S 两个沉降剖面随时间包括相应施工进程的变化，分别分两个阶段和三个阶段以表和图的形式形象地进行分析，明显观测到两幢大楼的 4.0～4.5m 厚筏的桩筏基础随着施工进程从倒锅形沉降剖面转变到近似水平线形沉降剖面，再从近似水平线形沉降剖面转变到正锅形沉降剖面的过程，充分表明 4.0～4.5m 厚筏的桩筏基础是一个弹性体，这是两个重大论证。

因此，从理论公式计算和现场实测数据两方面论证，充分证明 4.0～4.5m 厚筏的桩筏基础是一个弹性体，现在，上海中心大厦的 6m 筏厚基础也是一个弹性体，这对桩筏基础设计改革是一个巨大的贡献。

总之，三幢超高层建筑有关沉降分析的具体数据很宝贵、很难得，相应的成果均值得借鉴。特别指出的是：从实测的证据和理论的计算分析，充分表明 4.0m 筏厚、420.6m 高的金茂大厦和 4.5m 筏厚、492m 高的环球中心的桩筏基础是一个弹性体，具有重大的理论和实践意义，对进一步改革桩筏基础设计提供有利根据。

最后，环球中心和上海中心大厦的桩筏基础属于深埋的部分和完全补偿桩筏基础，建议今后应按深埋的补偿桩筏基础设计，提高设计水平，节省投资[29]。

参 考 文 献

[1] Hooper JA. Observations on the behavior of a piled raft foundation in London Clay [J]. Proc. ICE, 1973, 55 (2)：855-877.

［2］ 上海市民用建筑设计院，国家建委建筑科学研究院地基所，上海市政设计研究院，同济大学地基基础研究所等. 上海康乐路 12 层住宅箱形基础测试研究报告. 1976 年 1 月.

［3］ 上海市民用建筑设计院，国家建委建筑科学研究院地基所，上海市政设计研究院，同济大学地基基础研究所等. 上海华盛路高层住宅箱形基础测试研究报告. 1977 年 5 月.

［4］ 上海市民用建筑设计院，国家建委建筑科学研究院地基所，上海市政设计研究院，同济大学地基基础研究所等. 上海华盛路高层住宅箱形基础的地基变形. 1978 年 11 月.

［5］ 上海工业建筑设计院和同济大学地基基础研究所. 胸科医院外科大楼箱形基础测试研究报告. 1978 年 6 月.

［6］ 张问清，赵锡宏，殷永安，钱宇平. 四幢高层建筑箱形基础现场实测的综合研究［J］. 岩土工程学报，1980，2 (1)：12-26.

［7］ 戴标兵，范庆国，赵锡宏. 深基坑工程逆作法的实测研究. 工业建筑，2005，35 (379)：54-63.

［8］ 赵锡宏，李蓓，杨国祥，李侃. 大型超深基坑工程实践与理论. 北京：人民交通出版社，2005.

［9］ 赵锡宏等著. 上海高层建筑桩筏和桩箱基础设计理论和方法. 上海：同济大学出版社，1989.

［10］ 上海岩土工程勘察设计研究院. 上海环球金融中心岩土工程监测报告［R］.

［11］ 刘国彬，侯学渊. 软土的卸荷模量［J］. 岩土工程学报，1996. 18 (11)：18-23.

［12］ 宰金珉. 开挖回弹预测的简化方法. 南京建筑学院学报，1997 (2)：23-27.

［13］ 潘有林，胡中雄. 深基坑卸荷回弹问题的研究［J］. 岩土工程学报，2002，24 (1)：101-104.

［14］ 刘国彬，黄院雄，侯学渊. 基坑回弹的实用计算方法［J］. 土木工程学报，2000. 33 (4)：61-66.

［15］ 梅国雄，周峰，黄广龙，宰金珉. 补偿基础的沉降机理分析. 岩土工程学报增刊，2006，28：1398-1400.

［16］ 田振，顾倩燕. 大直径圆形深基坑回弹问题研究. 岩土工程学报增刊，2006，28：1360-1364.

［17］ 赵锡宏，陈志明，胡中雄等编著. 上海高层建筑深基坑围护工程实际分析. 上海：同济大学出版社，1997.

［18］ 赵锡宏，陆瑞明，马忠政，刘朝明. 超明星基坑围护空间设计计算软件 (Ver 1.1). 2003.

［19］ Zhao X. H. et al. Non-linear space theory & method for excavation engineering & application. Proc. 15th Conf. on Soil Mechanics and Geotechnical Engineering, Turkey, 11-13 Aug. 2001.

［20］ 张关林，石礼文. 金茂大厦——决策、设计、施工. 北京：中国建筑工业出版社，2000.

［21］ 包彦，叶卫东，张保良，赵锡宏. 恒隆广场地下工程研究——世界最高的钢筋混凝土建筑. 工业建筑，2004，34 (12)：91-95.

［22］ 龚剑. 上海超高层及超大型建筑基础和基坑工程的研究与实践［D］. 上海：同济大学，2003.

［23］ 龚剑，赵锡宏. 对 101 层上海环球金融中心桩筏基础性状的预测. 岩土力学，2007 (8).

［24］ 阳吉宝，赵锡宏. 高层建筑桩筏 (箱) 基础刚度计算及其应用. 同济大学学报增刊，1996 (4)：98-102.

［25］ 陈云敏，陈仁朋，黄海丹. 桩筏基础相对刚度及合理板厚的确定. 工业建筑，2005，35 (5)：1-4.

［26］ MORI，KPF，LERA，ECADI. Shanghai world financial center-structural preliminary design report［R］. 2000.

［27］ Zhao XH. et al. Theory of Design of Piled Raft and Box Foundation for Tall Buildings in Shanghai (Enlarged).

［28］ 杨敏，赵锡宏，董建国. 桩筏基础整体弯曲的新计算方法. 建筑结构，1991 (5).

［29］ YJ and Zhao XH. 121-story Shanghai Center Tower foundation re-analysis using a compensated pile foundation theory［J］. Journal of Structural Design of Tall and Special Buildings. 2013，DOI：10.1002.

# 2　上海环球金融中心桩筏
# 基础基底土压力分析

　　基底土压力是高层建筑基础设计的一个重要研究课题。目前，为安全起见，在工程实践中，尚未考虑基底土压力与桩基分担建筑物荷载。

　　本章首先汇总上海高层和超高层建筑桩筏（箱）基础的土压力实测资料，同时，汇总国内外18幢桩筏（箱）桩土分担的实测概况。根据同济大学高层建筑与地基基础共同作用课题组从20世纪80年代以来的研究成果，以60层长峰商场的土压力的三个受力阶段作为分析上海环球金融中心基底土压力的思路。

　　本章侧重分析随测点埋设标高和位置的不同，土压力的变化情况；采用对比和综合分析方法，分析基底土压力-时间的变化规律，获得宝贵的数据，为桩-土承担建筑物荷载提供有利依据；从土压力-时间的变化规律，探讨上部结构（包括地下室结构）刚度的贡献，得到在土的自重阶段内上部结构刚度已经形成的重要依据，将有助于提高设计水平。

## 2.1　引言

　　对于超高层建筑，尤其是101层的上海环球金融中心（简称环球中心或SWFC），所有现场测试资料都特别宝贵。88层金茂大厦地处环球中心近邻，净距离50m（图0-1），于1997年8月28日建成，其工程地质与本工程有不少相似之处，更有丰富和完整的沉降资料可循。上海60层长峰商场的超长桩、超厚筏基础以及一些高层建筑的桩箱（筏）基础的现场土压力测试资料将有助于本工程的借鉴和对比分析。

## 2.2　环球中心基底土压力的测试概况

　　本工程的现场测试工作是从2004年12月17日晚～18日凌晨埋设仪器开始。基础平面可近似视作正方形，在风载作用下有非常微小的倾斜。为了经济有效地获得筏基的土压力，土压力盒布置的原则是：取平面的1/4，即上左角，以$Y$钢筋方向（对角线）为主，兼顾$Y$轴线上和$X$轴左布置测点。即从核心筒中心点，沿$Y$钢筋方向（对角线），布置1～5五个点，分别以TY1、TY2、TY3、TY4和TY5表示，所在标高分别为-27.24m、-27.36m、-27.18m、-22.58m和-19.40m，每一个点均在筏底土层上；同样，以核心筒中心点，沿$X$轴向左，布置6～7两个点，分别以TY6和TY7表示，所在标高分别为-19.28m和-19.31m；另外，以核心筒中心点，沿$Y$轴向上，布置8～9两个点，分别以TY8和TY9表示，所在标高分别为-19.15m和-19.11m；共布置9个点，9个土压力盒。土压力盒的布置的平面和剖面图分别见图2-1和图2-2。

　　这里特别指出：土压力盒布置应根据厚筏底面所在标高埋设。因此，由于土压力盒所

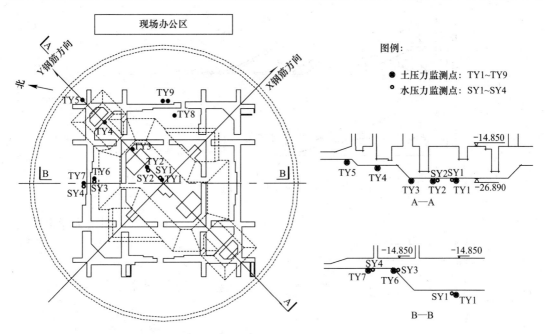

图 2-1 土压力计和孔隙水压力计的平面布置
注：图中的圆形为围护结构

图 2-2 土压力计和孔隙水压力计的布置剖面

在位置和标高不同，测得的土压力也将不同。

筏板混凝土分三次浇筑，具体浇筑时间见本书 0.7 节。

同样，浇筑的筏板混凝土的重量对土压力也有影响。

此外，土压力的第一测试是 2004 年 12 月 19 日开始，迨至 2006 年 2 月 26 日，因基坑地下连续墙爆破，暂时停测 4 个多月，到 2006 年 7 月 2 号恢复测试。这些因素均会影响土压力的变化。

基于上述情况，下面将按土压力盒所在标高进行分析。

## 2.3 上海高层与超高层建筑的现场实测基底土压力

为了有利于分析环球中心的基底土压力，首先对上海高层建筑与超高层建筑的现场实测基底土压力进行简述。

### 2.3.1 浅埋的桩筏（箱）基础的实测土压力

桩筏（箱）基础的土压力（基底反力）现场测试，在 20 世纪 70 年代，上海最早为上海简仓的桩筏基础工程[1]。由于打桩速度过快，在 60 天内，完成 604 根钢筋混凝土断面 45cm×45cm、长 30.7m 的桩，引起地面隆起 30～50cm，水平位移达 20cm。随着时间推移，孔隙水逐步消散，土体固结，3 年后，筏基与土脱离，这样，从原来土压力为 30kN/m² 逐步降到 0，见图 2-3。这个实例给后人如何进行桩土分担试验及注意事项留下宝贵的财富。

顺便指出，20 世纪 30 年代建造的某些桩基础，经开挖发现，基础与土脱离，在 20 世纪 80 年代上部结构还能加层建高，至今安全无恙。

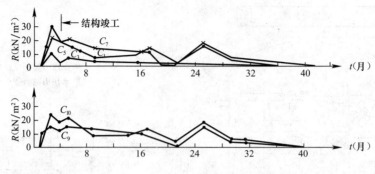

图 2-3　上海筒仓筏基反力-时间关系

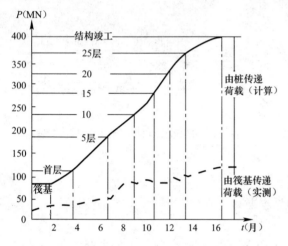

图 2-4　贸海宾馆的桩和筏的荷载-时间关系

20 世纪 80 年代，同济大学高层建筑与地基基础共同作用课题组对上海贸海宾馆（现今为兰生宾馆，26 层）、消防大楼（32 层）和彰武大楼（16 层）三幢桩筏（箱）基础同时进行现场测试研究[2]。桩筏（箱）基础埋深分别为 7.6m、4.5m 和 4.5m；桩长分别为 53m、54.6m 和 26m 的 $\phi$609 钢管桩、50mm×50mm 和 50mm×50mm 的钢筋混凝土方桩。对基底土压力进行系统研究，发现基底土能够分担建筑物的荷载，这是客观存在的事实，见图 2-4 和图 2-5；基底土压力随时间（荷载）的变化规律，见图 2-6，它在开始的一定阶段，随荷载的增加而增加，以后，基本成为恒值。必须注意：测得的土压力包括水压力。

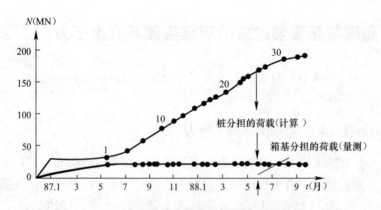

图 2-5　消防大楼的桩和箱的荷载-时间关系

为了进一步论证基底土能够分担建筑物荷载的事实，汇总国内外高层和超高层建筑桩筏（箱）基础的实测资料，其中包括上海筒仓的桩筏基础，见表 2-1。

至于计算桩-土分担的具体方法，见文献[2]。

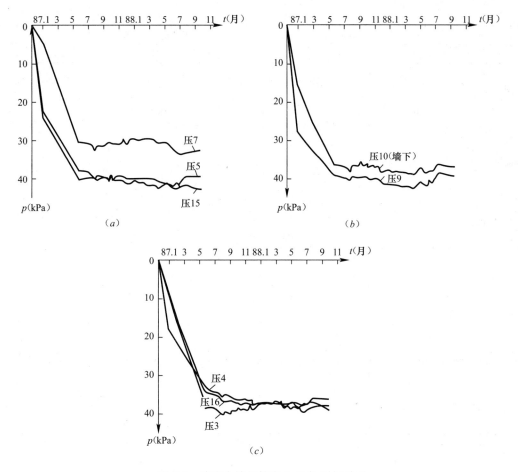

图 2-6 消防大楼的箱底土压力-时间关系

**18 幢国内外桩箱和桩筏基础实测概况表** 表 2-1

| 序号 | 上部结构 | 基础形式 | 基础尺寸（m） | 桩长（m） | 桩数 | 实测沉降（cm） | 荷载分担比例（%） | |
|---|---|---|---|---|---|---|---|---|
| | 层数 | 总压力（kN/m²） | 基础埋深（m） | 桩径，宽（mm） | 桩距（m） | 计算沉降（cm） | 筏或箱 | 桩 |
| 1 上海 | 剪力墙 18-20 | 桩箱 250 | 29.7×16.7 2.0 | 7.5 400×400 | 183 1.20~1.35 | 39.0 ≈30.0 | 15 | 85 |
| 2 上海 | 剪力墙 12 | 桩箱 228 | 25.2×12.9 4.5 | 25.5 450×450 | 82 1.80~2.10 | 7.1 7.9 | 28 | 72 |
| 3 上海 | 框剪 16 | 桩箱 240 | 44.2×12.3 4.5 | 27.0 450×450 | 203 1.65~3.30 | 2.0 5.6 | 17 | 83 |
| 4 上海 | 剪力墙 32 | 桩箱 500 | 27.5×24.5 4.5 | 54.0 500×500 | 108 1.60~2.25 | 2.4 3.5 | 10 | 90 |
| 5 上海 | 框筒 26 | 桩筏 320 | 38.7×36.4 7.6 | 53.0 φ609×1.2 | 200 1.90~1.95 | 3.6 5.3 | 25 | 75 |
| 6 上海 | 筒仓 288 | 桩筏 1.0 | 69.4×35.2 | 30.7 450×450 | 604 1.9 | 5.2 14.5 | 10→0 | 90→100 |
| 7 上海 | 剪力墙 35 | 桩筏 | 5.0 | 28.0 450×450 | 1.5~1.7 | 10.0 | 15 | 85 |
| 8 武汉 | 框墙 22 | 桩箱 310 | 42.7×24.7 5.0 | 28.0 φ550 | 344 1.7~2.0 | 2.5 | 20 | 80 |

续表

| 序号 | 上部结构 | 基础形式 | 基础尺寸（m） | 桩长（m） | 桩数 | 实测沉降（cm） | 荷载分担比例（%） | |
|------|---------|---------|-------------|----------|------|--------------|----------|----------|
| | 层数 | 总压力（kN/m²） | 基础埋深（m） | 桩径，宽（mm） | 桩距（m） | 计算沉降（cm） | 筏或箱 | 桩 |
| 9 西安 | 框筒 39 | 桩筏 总重 1034MN | 13.0 | 60.0 φ800 | 271 | 1.7 | 14 | 86 |
| 10 上海 | 框筒 60 | 桩筏 2875 | 18.50 | 72.5 φ850 | 416 2.66 | 6.8 | 20 | 80 |
| 11 英国 | 剪力墙 22 | 桩筏 270 | 47.5×25.0 2.0 | 17.0 450×450 | 222 1.6 | 3.2 | 15→10 | 85→90 |
| 12 英国 | 剪力墙 16 | 桩筏 190 | 43.3×19.2 2.5 | 13.0 φ450 | 351 1.6 | 1.6 | 45→25 | 55→75 |
| 13 英国 | 框筒 31 | 桩筏 368 | 25×25 9.0 | 25.0 φ900 | 51 1.9 | 2.2 | 40 | 60 |
| 14 英国 | 框筒 30 | 桩筏 625 | 2（22×15） 2.5 | 20.0 φ900 | 2×42 2.70~3.15 | >4.5 | 25 | 75 |
| 15 英国 | 框架 11 | 桩筏 235 | 56×31 13.65 | 16.75 φ1800 | 29 6.90~10.0 | 2.0 | 70 | 30 |
| 16 德国 | 框筒 57 | 桩筏 526 | 3800 21.00 | 20，30 φ1500 | 112 3.0~6D | 2.5 | 15 | 85 |
| 17 德国 | 框筒 64 | 桩筏 543 | 3457 14.00 | 20~35 φ1300 | 64 3.5~6D | 14.4 | 45 | 55 |
| 18 德国 | 框筒 53 | 桩筏 483 | 2940 13.00 | 30.00 φ1300 | 40 3.8~6D | 11.0 | 50 | 50 |

注：其中序号 10、16、17 和 18 的建筑为 50 层以上的超高层且埋深为 13~21m 的基坑。

## 2.3.2　深埋桩筏基础的实测土压力

本节主要阐述长峰商场桩筏基础的实测土压力[3]，也兼述陕西省邮电大楼[5]（埋深 13.6m）桩筏基础的实测土压力。

对于深埋桩筏（箱）基础的实测研究，当时，只有长峰商场的桩筏基础。这里引用其研究成果，以借鉴和分析环球中心的土压力。

为了量测筏底土压力，36 个（p-1~p-36）土压力盒布置在如图 2-7 所示的不同位置，以符号×表示。土压力量测从 2004 年 8 月 2 日开始，取典型土压力编号 p-29 为例，绘制 p-29 随层数变化的关系曲线，如图 2-8 所示。

从图 2-8 所示的数据可见，在三个施工阶段反映三个特点。

第一阶段（B4~B0）：在 B4 的施工阶段中 4.0~6.25m 厚的筏基混凝土已经浇筑。土压力数值与层数增加正好是直线变化。以 p-29 为例，平均土压力从 35kPa（相应的底板混凝土浇毕，当时的基底平均压力为 169kPa，平均土压力占 20.7%）一直快速增加到 188.5kPa（相应的底板混凝土浇毕，当时的基底平均压力为 206kPa，平均土压力占 91.5%），发挥土自身的承载作用。但是，该工程的基坑深度为 18.95m，试取土重为 1.8t/m³，那么，基坑土重为 341kPa，比之当时的基底平均压力 206kPa 还大，这样，基础要发生隆起，可惜，当时变形测点尚未设立。

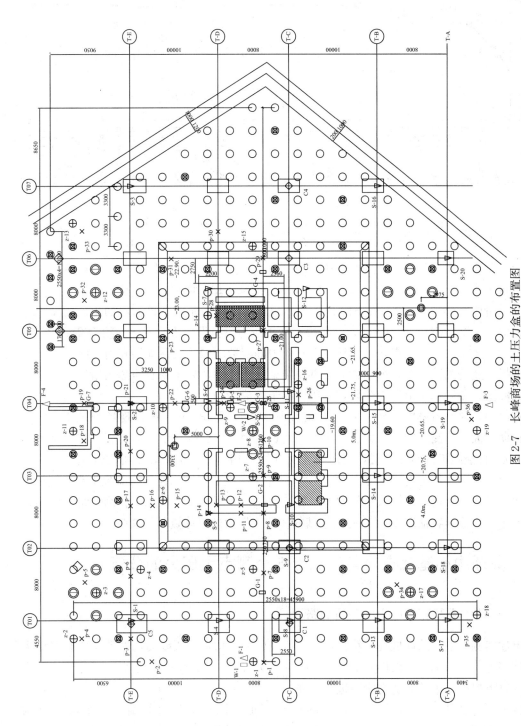

图2-7　长峰商场的土压力盒的布置图

⊕ Z-1～Z-19—桩顶传杆计；◈ C-1～C-5—巨型柱下传杆计；p-1～p-36—土压力计；▷ S-1～S-20—沉降标；□ G-1～G-7—钢筋应力计；▲ F-1～F-4—孔隙水压计
W-1～W-2—温度计；

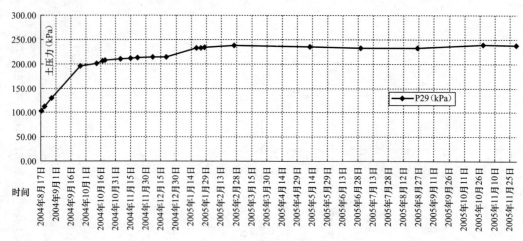

图 2-8　土压力随层数变化曲线

B4——地下第 4 层（2004/08/22）；B0——地上第 1 层（2004/10/03）；

F5——地上第 5 层（2004/11/02）；F39——地上第 39 层（2005/06/24）

第二阶段（B0～F10）：把 F10 的施工阶段视作覆盖土压力阶段（即 18.95m 深基坑开挖土的自重），土压力随层数增加缓慢增加，即从 188.5kPa 增加到 232kPa。

第三阶段（F10～F60）：在 F10 施工开始视作附加压力阶段，该阶段的土压力基本上保持恒值，为 232kPa，直至 F60，工程竣工，土压力没有发生多大变化，约为 232kPa。

有了土压力的三个特点，可为评估群桩受力随层数增加的关系提供有利条件。

概括上述的测试资料，可归纳一个重要结论：土压力达到土的自重压力阶段，基本上接近高峰值，随后到了恒压力阶段，土压力趋于恒值。

在国内，陕西省邮电大楼，39 层，桩筏基础，埋深 13.6m，进行现场测试研究，在加载初期，大部分测点的土压力有一个迅速增长过程，以后有一个卸载过程（与地下水回升有关），直至施工到地面 4 层，土压力才又开始增加。施工结束，基础内部土压力：边部土压力：角部土压力为 1.67：1.42：1.00；表明在施工初期，建筑物荷载主要由筏板底土承担。随着施工荷载（层数）的增加，建筑物荷载转而主要由桩承担。测试结束的结果表明，土承担建筑物荷载 14%。有关筏基的实测土压力的具体资料见文献[5]。

## 2.4　环球中心基底在对角斜线上 5 个测点土压力的分析

### 2.4.1　环球中心基底土压力的分析思路

上述实测的浅、深埋桩筏（箱）基础的研究成果，特别是长峰商场的数据资料（该大楼的埋深为 18.95m，与本工程的埋深（18.45m）相仿），对环球中心的土压力分析非常有用。以下根据三个基底受力阶段进行研究。

首先，有必要了解自重应力阶段的地基变形（回弹与沉降）情况：基坑深度为 18.45m，试取土重为 $1.8t/m^3$，那么，基坑土重为 332kPa，基本占基底总压力的 46.8%，相当可观，应予重视这个阶段应力-应变的变化对建筑物的影响。

如前所述，连续三次浇筑底板混凝土共达 $40066m^3$，取 $2.5t/m^3$，则底板混凝土重为

100164t，底板平均压力为 161.5kPa；三层地下室施加基底的压力为 103.1kPa。因此，筏板重加上三层地下室结构的总重为 264.6kPa。

基坑土重 332kPa 比相应的施工荷载 264.6kPa 要大 67.4kPa，此时，仍未停止降水，应有回弹现象（见图 3-4，桩产生上拔力）；67.4kPa 的卸载，约相当地面上 6~7 层的荷载。

在 2005 年 5 月底，FB2 完成时，历时一个月下沉 13mm（见图 2-9~图 2-17，9 个土压力在 4 月 24 日间有一个共同的转折点）；约在 2005 年 9 月间，在自重应力完成时，核心筒中心 1 号的沉降只不过 19.1mm，比基坑底实测回弹 30mm 还小，即再压缩变形约为回弹变形的 64%。与 20 世纪 80 年代高层建筑的桩基的实测经验估计基本一致：对于深埋基础，开挖基坑的卸载必然引起回弹，而完成全部回弹的要经过一定时间，有的开挖后，随即基础施工，再压缩变形会小些，有的开挖后，相隔时间长些，然后基础施工，这样，再压缩变形会大些，这是一般的回弹再压缩的概念。本工程的基坑完成后，因某种原因，相隔时间较长，然后，进行基础施工，故产生的压缩变形大些。

## 2.4.2 底板浇筑前后的土压力

2004 年 12 月 17 日晚~18 日凌晨埋设仪器。

如前所述，土压力盒埋设位置基本上分别有三类标高：测点 TY1、TY2 和 TY3（标高为 −27.36m~−27.18m），TY4（标高为 −22.58m）和 TY5、TY6、TY7、TY8 和 TY9（标高为 −19.40m~−19.11m）。以核心筒中心点起，沿着对角斜线，即 Y 钢筋方向，布置 1~5 五个测点，TY1、TY2、TY3、TY4 和 TY5，每一个测点均在筏底土层上。

现先分析测点 TY1~TY3 处在核心筒内的土压力，后分析测点 TY4 和 TY5 处在外筒内外的土压力。

2005 年 1 月 28 日浇筑第三次底板的前后实测土压力，如表 2-2 所示。

浇筑第三次底板的前后实测土压力 表 2-2

| 测点编号 | 标高（m） | 浇筑前<br>2005/01/26<br>（kPa） | 后 3 日<br>2005/01/31<br>（kPa） | 后 1 周<br>2005/02/05<br>（kPa） | 养护期<br>2005/02/20<br>（kPa） | 说明 |
|---|---|---|---|---|---|---|
| TY1 | −27.24 | 90.55 | 77.41 | 92.62 | 110.57 | 在核心筒中心 |
| TY2 | −27.36 | 98.45 | 87.20 | 100.93 | 114.73 | 在核心筒内部 |
| TY3 | −27.18 | 77.55 | 66.31 | 76.14 | 89.34 | 在核心筒角点 |

在浇筑前后数据变化是水化热影响的结果，迨至 2005 年 2 月 20 日测点 TY1~TY3 土压力才告稳定。分别占筏板重量（此时基底压力 161.5kPa）的 65.8%、68.3% 和 53.2%，说明此时基底压力主要由基底土承担。

## 2.4.3 自重压力阶段时的土压力

根据 2004 年 12 月 27 日~2005 年 8 月 21 日土压力测试结果，分析三个测点 TY1、TY1 和 TY3 的特点，标高几乎相同，变化基本相同，在 2005 年 4 月 24 日，不但测点 TY1、TY2 和 TY3 有一个共同的转折点，而且测点 TY4、TY5、TY6、TY7、TY8 和 TY9（见后文）也有这个共同的转折点，此后，土压力基本不变。在 8 月 21 日的实测测点 TY1、TY2 和 TY3 土压力分别为 174.01kPa、176.30kPa、146.36kPa，约占地下室完成时基底压力 264.6kPa 的 64.2%、65% 和 54%，又占总压力 710kPa 的 24.5%、24.8% 和 20.6%。这个数值相当可观。还要指出：它与长峰商场（60 层，桩长 72.5m，基坑深 18.95m）的实测结果很类似，因此，再次证明，土能分担建筑物荷载是客观事实，同时，说明深埋基础的基底土的承载力比浅埋的大，能承受的土压力也大。

要加以说明：原考虑 8 月 21 日的土压力作为相应自重压力阶段，后因它和 10 月 16 日的土压力相差小，取 9 月间土压力较为合理，此时相应建筑进度为 F6，最后取在 F4～F6 间。

此外，论证另一个重要观点：对于深约 20m 的基坑，即使不考虑土分担建筑物的荷载，也应真正考虑水的浮力，这是有力支持规范考虑浮力的重要依据。

还应指出：不管水位变化，土压力随着时间（浇筑混凝土）的增加而增加。

### 2.4.4  超过自重应力阶段后的土压力

（1）2006 年 2 月停测前（基坑连续墙未爆破前），前面已经指出，2005 年 4 月 24 日测点 TY1、TY2 和 TY3 有个共同转折点，以后，土压力数值变化不大，超过自重应力阶段（9 月间）后，2005 年 11 月 27 日测点 TY1、TY2 和 TY3 同时达到峰值，见图 2-9～图 2-11。

（2）2006 年 7 月恢复测试后，爆破引起土压力下降，爆破前后的实测土压力如表 2-3 所示。为什么爆破会引起土压力下降呢？随着时间推移，地基土可能产生固结，同时，爆破引起震动，可能也产生固结，这样，土压力将随之下降。但是，经过爆破停测后，土压力随着时间继续上升，不过，数值有些跳跃，但变化规律还是基本一致。当深入分析该变化趋势后，从 2006 年 10 月底至 2007 年 1 月 15 日期间，土压力又基本上与停测前的数据相接近，尤其是测点 TY1 和 TY2 达到 178kPa，即使最小的也为 90kPa。也就是说，分担是客观存在，无可非议的。

**爆破前后的测点 TY1、TY2、TY3、TY4 和 TY5 土压力的变化**　　　　　表 2-3

| 测点编号 | TY1 | TY2 | TY3 | TY4 | TY5 | 说明 |
|---|---|---|---|---|---|---|
| 标高（m） | −27.24 | −27.36 | −27.18 | −22.58 | −19.40 | |
| 2006/02/26（kPa） | 175.38 | 173.64 | 138.74 | 125.17 | 56.79 | 爆破前停止测试 |
| 2006/07/02（kPa） | 129.88 | 127.11 | 98.04 | 89.73 | 26.02 | 爆破后恢复测试 |
| 下降数值（kPa） | 45.50 | 46.53 | 40.70 | 35.44 | 30.77 | |

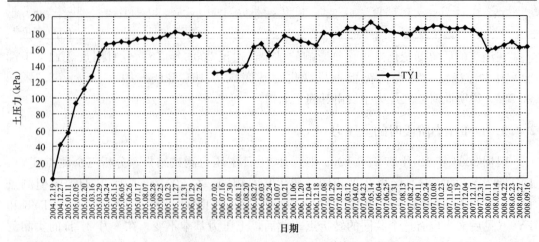

图 2-9  TY1 土压力-时间的关系曲线

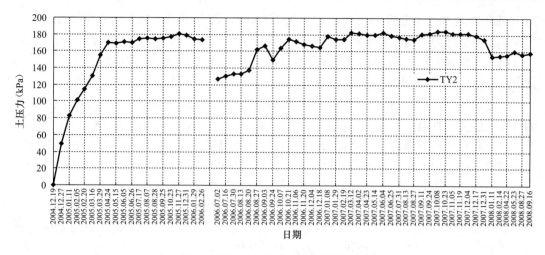

图 2-10　TY2 土压力-时间的关系曲线

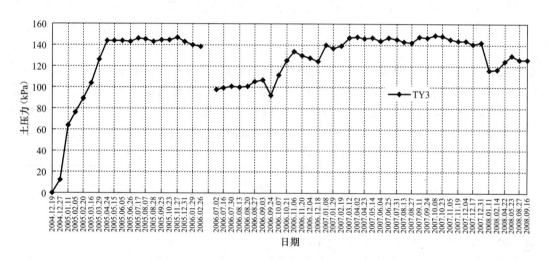

图 2-11　TY3 土压力-时间的关系曲线

## 2.4.5　大楼竣工时的土压力

首先说明：结构封顶为 2007 年 9 月 14 日，实际上为 12 月，2008 年 8 月 28 日竣工，9 月 18 日开始营业。2008 年 3 月、6 月和 7 月因故未能进行测试，9 月 16 日测试结束。

今以大楼结构封顶（2007 年 9 月～12 月间）起继续分析，仍然以 TY1、TY2 和 TY3 为对象研究。设计的基底压力为 709kPa，在 9 月～12 月间，3 个测点的土压力继续保持为恒值（图 2-9～图 2-11），TY1 与 TY2 的土压力约为 180kPa，占基底压力的 25.4%；TY3 为 147kPa，占基底压力的 20.7%。此时，相应的桩反力继续增长（图 3-4～图 3-6），钢筋应力（图 4-5～图 4-9）的变化不大，中心点 1 号继续沉降，从 97.99mm 增加到 113.10mm。

但是，从 2007 年 12 月 31 日～2008 年 1 月 11 日间，基底土压力有一个显著的下降趋势，随后直至测试结束时（2008 年 9 月 16 日），保持平稳状态。TY1 与 TY2 的土压力约为 160kPa，占基底压力的 22.6％；TY3 为 126KPa，占 17.8％。二者的平均值为 20.2％。此时，相应桩反力变化也有下降，到测试结束时（2008 年 9 月 16 日），有增长趋势，接近恢复到 1 月间的反力，钢筋应力基本影响不大。中心点 1 号继续沉降，4 月 14 日增加到 126.12mm，以后该测点因故未能测到。

总之，TY1、TY2 和 TY3 从地下墙爆破后约 3 个月恢复到爆破前（2005 年 11 月）的最大土压力，直至 2007 年 12 月的 2 年间，基本上保持着最大值，只有在 2007 年 12 月后，三个测点有所下降，三个测点的平均值仍占设计基底压力的 20.9％，这个数据与长峰商场结构封顶后的土压力测试结果（20.7％）相当接近。

### 2.4.6　测点 TY4 土压力的分析

这里侧重论述测点 TY4 土压力（图 2-12）与 TY1、TY2、TY3 土压力的不同之处。测点 TY4 位于外筒内巨型柱内边，是内角点。其标高为 −22.58m，比之测点 TY1、TY2 和 TY3 高 4.6～4.8m。从始点到 2005 年 4 月 24 日的共同转折点，基本上与核心筒内测点 TY1、TY2 两测点土压力同步相接近上升，在转折点的测点 TY1、TY2、TY3 和 TY4 的土压力分别为 166.16kPa、169.63kPa、143.65kPa 和 159.54kPa。如图 2-9～图 2-12 所示，测点 TY4 比 TY3 的土压力大，所处的位置不同，一个是角点和一个是内部点，这种差异是正常的现象。但是，过了转折点后，逐步下降，直至地下墙爆破前，降至 125.17kPa。恢复测试后，土压力逐步上升，到 2007 年初达最大值 138.61kPa，然后基本保持恒值，直至 12 月底。随后，与测点 TY1、TY1 和 TY3 相似，略有下降，可惜在 2008 年初，TY4 失效。总的来说，其发展趋势与测点 TY1、TY1 和 TY3 相似。

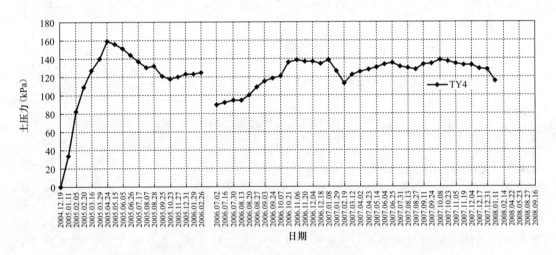

图 2-12　TY4 土压力-时间的关系曲线

### 2.4.7　测点 TY5 土压力的分析

这里侧重论述测点 TY5 土压力（图 2-13）与测点 TY1、TY2、TY3 和 TY4 土压力的不同之处。测点 TY5 位于外筒外边，是一个外角点。其标高 −19.40m 比测点 TY4 的标高 −22.58m 相差 3m 多，比之 TY1、TY2、TY3 约差 8m，就是说，该测点埋得最浅，筏板又薄，地下墙爆破前的土压力峰值仅为 62.19kPa（图 2-13），爆破后，即使到 2007 年 3 月 12 日，土压力达最大值 74.73kPa，也比 TY1、TY2、TY3 和 TY4 土压力低得多，是 9 个土压力中的峰值的最低值，见后面的图 2-18，那是很自然的。

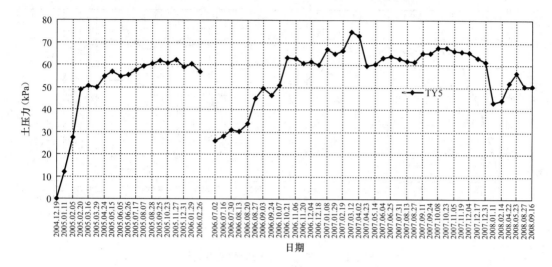

图 2-13　TY5 土压力-时间的关系曲线

## 2.5　环球中心基底在 *X* 轴线上 3 个测点土压力的分析

如前述，测点 TY1、TY6 和 TY7 分别处在内筒中心、外筒内外沿 *X* 轴向左的三个测点，标高分别为 −27.24m、−19.28m 和 −19.31m。这三个测点（其土压力-时间的关系分别见图 2-9、图 2-14 和图 2-15）的土压力从 2004 年 12 月 19 日开始随着时间的推移一直呈直线地增加，迨至 2005 年 4 月 24 日，测点 TY1、TY6 和 TY7 土压力如同测点 TY2、TY3、TY4 和 TY5 均有一个共同转折点，以后，缓慢地增长，到了 11 月 27 日达到峰值；但 11 月 27 日后缓慢下降。

2006 年 2 月 26 日，基坑地下连续墙爆破，测试工作暂时停止。2006 年 7 月 2 日恢复测试，由于爆破，土压力下降，随后缓慢地呈波浪式增加。爆破前后的测点 TY1、TY6 和 TY7 土压力数值如表 2-4 所示。爆破引起土压力下降的原因如上述，这里不再阐述。

爆破前后的测点 TY1、TY6 和 TY7 土压力的变化　　　　表 2-4

| 测点编号 | TY1 | TY6 | TY7 | 说明 |
|---|---|---|---|---|
| 标高（m） | −27.24 | −19.28 | −19.31 | |
| 2006/02/26（kPa） | 175.38 | 85.66 | 88.06 | 爆破前停止测试 |
| 2006/07/02（kPa） | 129.88 | 63.41 | 60.16 | 爆破后恢复测试 |
| 下降数值 | 45.50 | 22.25 | 27.90 | |

由此可见，测点 TY6 和测点 TY7 的土压力变化和发展的规律与测点 TY1、TY2、TY3、TY4 和 TY5 基本相同，只不过由于标高不同，土压力相对比较低，与标高的差异

（相差约 8m）引起的土压力差值（相差约 80kPa）基本相应。由此，可说明测试精度的可靠性。

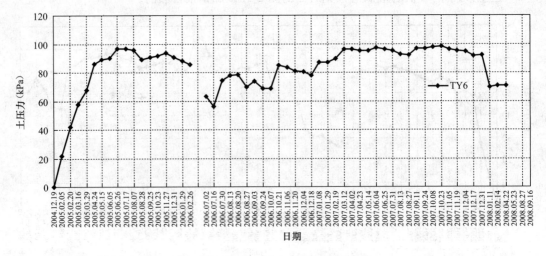

图 2-14　TY6 土压力-时间的关系曲线

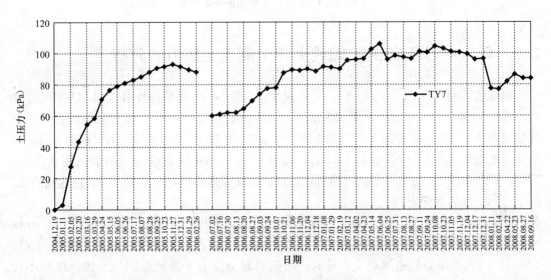

图 2-15　TY7 土压力-时间的关系曲线

## 2.6　环球中心基底在 $Y$ 轴线上 3 个测点土压力的分析

如前述，测点 TY1、TY8 和 TY9 分别处在内筒中心、外筒内外沿 $Y$ 轴向上的三个测点，标高分别为 $-27.24$m、$-19.15$m 和 $-19.11$m。其方向刚好是 $X$ 轴向右转一个 $90°$，其标高与测点 TY1、TY6 和 TY7 相接近。测点 TY8 和 TY9 土压力的变化和发展的规律（图 2-16 和图 2-17）与测点 TY6 和 TY7（图 2-14 和图 2-15）相类似，爆破前后的测点 TY1、TY8 和 TY9 土压力数值如表 2-5 所示。爆破引起土压力下降的原因如上述，这里不再阐述。

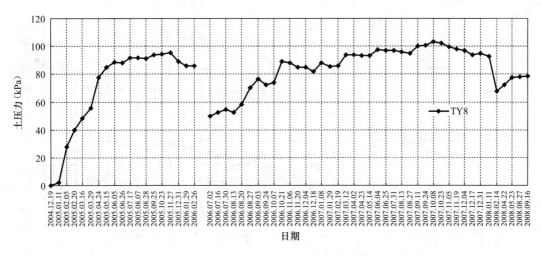

图 2-16 TY8 土压力-时间的关系曲线

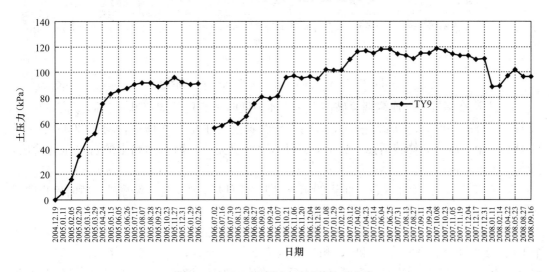

图 2-17 TY9 土压力-时间的关系曲线

**爆破前后的测点 TY1、TY8 和 TY9 土压力的变化**　　　　　表 2-5

| 测点编号 | TY1 | TY8 | TY9 | 说明 |
|---|---|---|---|---|
| 标高（m） | −27.24 | −19.15 | −19.11 | |
| 2006/02/26（kPa） | 175.38 | 85.70 | 90.91 | 爆破前停止测试 |
| 2006/07/02（kPa） | 129.88 | 49.98 | 56.24 | 爆破后恢复测试 |
| 下降数值（kPa） | 45.50 | 35.72 | 36.67 | |

## 2.7 环球金融中心基底 9 个测点土压力的综合分析

上面已对 9 个土压力 TY1～TY9 进行单独分析，现在做一综合分析。

### 2.7.1 土压力-时间变化曲线的特点

从图 2-18 可见，9 条土压力-时间变化曲线有以下几个特点。

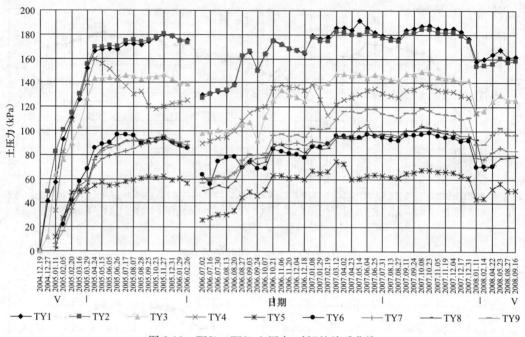

图 2-18　TY1～TY9 土压力-时间的关系曲线

1）无论在基坑地下连续墙爆破前后，土压力随时间变化的规律基本相同。从 2004 年 12 月 19 日测试开始，土压力一直随时间以较快速度几乎呈直线增加，均在 2005 年 4 月 24 日有一个土压力高峰转折点，此时，地下室 B1 层完成，尚未达到土的自重压力阶段，相当基坑土重的 85%。

2）2005 年 4 月 24 日以后，直至 2006 年 2 月 26 日基坑地下连续墙爆破，暂时停止测试前，土压力的数值变化很小，可视为恒值。

3）暂时停止测试 4 个多月，2006 年 7 月 2 日恢复测试。从此时起，测点 TY1～TY9 9 个土压力数值均下降约 30～45kPa，相当于减少 25%～50%，见表 2-6。随后，继续增加，到 2006 年 10 月 21 日，基本达到原来的土压力峰值。随后，除测点 TY4、TY5 外，其他各点继续缓慢增长，到 2007 年 7 月 31 日，9 个月内土压力增量不超过 20kPa，见表 2-7。

**9 个测点土压力在爆破前后的比较**　　　　　　　　　　　　　　表 2-6

| 测点编号 | TY1 | TY2 | TY3 | TY4 | TY5 | TY6 | TY7 | TY8 | TY9 |
|---|---|---|---|---|---|---|---|---|---|
| 标高（m） | −27.24 | −27.36 | −27.18 | −22.58 | −19.40 | −19.28 | −19.31 | −19.15 | −19.11 |
| 2006/02/26（kPa） | 175.38 | 173.64 | 138.74 | 125.17 | 56.79 | 85.66 | 88.06 | 85.70 | 90.91 |
| 2006/07/02（kPa） | 129.88 | 127.11 | 98.04 | 89.73 | 26.02 | 63.41 | 60.16 | 49.98 | 56.24 |
| 下降数值（kPa） | 45.50 | 46.53 | 40.70 | 35.44 | 30.77 | 22.25 | 27.90 | 35.72 | 36.67 |

**9 个测点土压力在爆破前后峰值的比较**　　　　　　　　　　　　表 2-7

| 测点编号 | TY1 | TY2 | TY3 | TY4 | TY5 | TY6 | TY7 | TY8 | TY9 |
|---|---|---|---|---|---|---|---|---|---|
| 标高（m） | −27.24 | −27.36 | −27.18 | −22.58 | −19.40 | −19.28 | −19.31 | −19.15 | −19.11 |
| 爆破前峰值（kPa） | 180.18 | 180.79 | 146.73 | 120.10 | 62.14 | 93.44 | 93.03 | 95.44 | 96.26 |
| 爆破后峰值（kPa） | 191.74 | 180.12 | 146.59 | 130.60 | 60.39 | 95.11 | 102.59 | 93.52 | 115.19 |
| 上升数值 | 11.56 | −0.67 | −0.14 | 10.50 | −1.75 | 1.67 | 9.56 | −1.92 | 18.93 |

注：1. 爆破前峰值取 2005/11/27 的测试值；
　　2. 爆破后峰值取 2007/5/14 的测试值。

4) 结构封顶后的 2007 年 12 月 31 日～2008 年 1 月 11 日间，所有测点土压力有显著下降现象，随后又上升再下降，到 2008 年 8 月～9 月达到稳定。这里需加说明，2008 年 3 月、6 月和 7 月因故测试工作暂时停测。因此，土压力的变化是由于外部环境变化引起，还是由于土体的固结沉降引起，尚不明确。

由表 2-7 可见，爆破前后的峰值有升有降，相差最大不超过 20kPa，超过一半的数据的峰值几乎一致，可以认为爆破前的土压力峰值已经达到土压力分担的稳定值。此时相当于处在土的自重应力阶段或称土覆盖应力阶段内。

这里特别指出：环球中心的土压力-时间变化曲线的特点与长峰商场很相似，见图 2-18。

## 2.7.2　影响土压力大小的因素

土压力大小随标高而变，埋得深，土压力大，埋得浅，土压力小。具体地说：

1) 埋在内筒内，测点 TY1、TY2 和 TY3 标高分别在 $-27.24$m，$-27.36$m 和 $-27.18$m，在地下连续墙爆破前土压力的峰值分别为 180.18kPa、180.79kPa 和 146.73kPa。

2) 埋在外筒内外的测点 TY4 和 TY5，标高分别为 $-22.58$m 和 $-19.40$m，处在沿对角斜线上，其峰值分别为 120.10 kPa 和 62.14kPa。同样，埋在外筒内外的测点 TY6 和 TY7、TY8 和 TY9，标高分别 $-19.28$m 和 19.31m，$-19.15$m 和 $-19.11$m，其峰值分别为 93.44kPa 和 93.03kPa、95.44kPa 和 96.26kPa。4 个测点的标高彼此很接近，峰值也基本相同。9 个土压力测点的标高和峰值载于表 2-7 中。

3) 各个测点所在位置的荷载作用在筏基上，传到土中的不同，引起的土压力自然不尽相同。

4) 筏基的厚度随标高的不同而变化，因此，相应的刚度不同，引起的土压力也不同。

5) 深基坑开挖引起回弹的影响。18.45m 深基坑的土重 332kPa，占建筑物重量引起的基底压力的 46.8%，开挖后，暴露的时间较长，基坑中点引起回弹约 3cm。对桩基是上拉力，对基底土是压力，在核心筒中心的反映无疑大些，远离中心点土压力小些。

6) 大楼结构封顶（2007 年 9 月 14 日～12 月间）后土压力的下降、上升再下降直至稳定的原因未详。又见 2.7.1 的 4）说明。

## 2.7.3　从土压力随时间变化的规律分析结构刚度的贡献

上述从测点 TY1-TY2-TY3-TY4-TY5 断面、测点 TY1-TY6-TY7 断面和测点 TY1-TY8-TY9 断面对 9 个测点土压力各自随时间的变化进行了分析，现在根据该三个断面上的土压力分布随时间变化的规律，研究结构刚度的贡献，见图 2-19、图 2-20 和图 2-21。

1) 图 2-19 是测点 TY1-TY2-TY3-TY4-TY5 断面从 2005 年 2 月 5 日～2008 年 9 月 16 日 10 条土压力随时间变化曲线。

为了便于清楚论述土压力随时间变化的规律以分析结构刚度的贡献问题，对于开始几条曲线，需要说明对应的时间及相应的建筑形象进度。

第 1 条曲线是 2005 年 2 月 5 日，表示大底板的形象进度，此时，5 个测点 TY1、TY2、TY3 和 TY5 的土压力基本上均小于 100kPa。

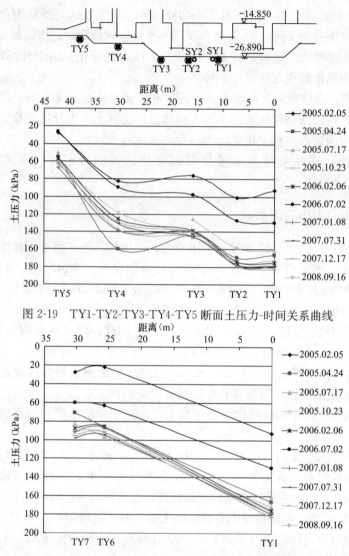

图 2-19　TY1-TY2-TY3-TY4-TY5 断面土压力-时间关系曲线

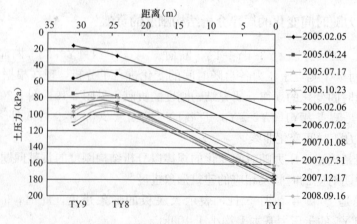

图 2-20　TY1-TY6-TY7 断面土压力-时间关系曲线

图 2-21　TY1-TY8-TY9 断面土压力-时间关系曲线

第 2 条曲线是 2005 年 4 月 24 日，表示地下室 B2 的形象进度，土压力增加很大，除了测点 TY5 土压力增加较少，其余 4 个测点增加 70~80kPa，而且，相对地比较接近。前面已经指出，2005 年 4 月 24 日是 9 个测点土压力的共同转折点。

第 3 条曲线是 2005 年 7 月 17 日，表示地面上 F2 和 F3 之间的形象进度，此时，与第 2 条曲线相比，测点 TY1、TY2、TY3 和 TY5 的增值比较接近，只有测点 TY4 有所差异。第 3 条曲线与第 4 条、第 5 条、第 7 条、第 8 条和第 9 条曲线相比，土压力的增、减值基本接近，但是，与第 6 条曲线（2006 年 7 月 2 日）相比，显然不同，这是因为地下墙爆破之后，引起土压力值的显著降低，随后土压力逐渐恢复至爆破前的峰值（基本稳定值）。由此可判断，第 3 条曲线可以表示，2005 年 7 月 17 日 F2 和 F3 之间的形象进度，可说明上部结构（包括地下室结构）刚度已经基本形成。需要指出：单单依靠土压力断面的变化来判断上部结构（包括地下室结构）刚度是否形成，尚不够充分，还要桩顶反力和筏基钢筋应力的变化与发展规律等进行综合判断与论证（见第 3、4 章）。

2) 图 2-20 是表示测点 TY1-TY6-TY7 断面从 2005 年 2 月 5 日～2008 年 9 月 16 日 10 条土压力随时间变化曲线。

从图 2-20 可见，尽管只有由 3 个测点组成的曲线，而除了 2005 年 4 月 24 日和地下墙爆破之后 2006 年 7 月 2 日的两条曲线外，其他 8 条曲线基本上很接近，这也可称是一个可供判断上部结构（包括地下室结构）是否形成的参考。

3) 图 2-21 是表示测点 TY1-TY8-TY9 断面从 2005 年 2 月 5 日～2008 年 9 月 16 日 10 条土压力土压力随时间变化曲线。

从图 2-21 可见，除了第 1 条和第 2 条曲线外，其他 8 条曲线的反力的增、减值基本接近，也可说明 2005 年 7 月 17 的 F2 和 F3 之间的施工形象进度，以供论证上部结构（包括地下室结构）已经基本形成的参考。

总之，对比图 2-19、图 2-20 和图 2-21 可见，2005 年 7 月 17 日 F2 和 F3 之间的施工形象进度，再看图 2-18 的 2005 年 7 月 17 日与 2007 年 6 月 25 日、7 月 21 日的内筒 F97 和外筒 F92 以及直至 2008 年 1 月间的施工进程，相应的土压力值基本对应相等，可成为上部刚度已经形成的象征和依据。

## 2.8 结论

（1）环球中心的基础平面可视为 78.74m×78.74m 的正方形，根据设计可知风载引起的偏心倾斜甚为微小，现在又根据第 1 章——上海环球金融中心变形综合分析，整个建筑物只是微微向西倾斜，因此，采用 1/4 布置测试元件，是合适的。

（2）环球中心的筏基设计厚度不一，核心最厚，向着基础边缘方向，有几个不同厚度。以 9 个土压力盒而言，就有三类标高：一类为 −27.240m、−27.360m、−27.180m，二类为 −22.580m，三类为 −19.400m、−19.280m、−19.310m、−19.150m 和 −19.110m。土压力的大小取决于标高，这是形成中间土压力大、向周边减小的一个重要原因。这样，基底土压力的形状趋于正锅形，使得筏基受力有利。给予设计者一个新的启发，又参见第八章总结论中 8.1 基坑回弹的影响。

（3）筏基厚度不一、基底土压力也不一，可是，9 个测点的土压力变化和发展规律基本相同，表现在几个共同特点（图2-18）：同一个转折点，均发生在2005年4月24日；超过转折点后土压力变化不大，基坑地下连续墙爆破后土压力有所降低，随后又继续上升，到2006年底，基本上接近爆破前的峰值。因此，基本上可视为恒值，土压力承担建筑物的荷载始终存在，与长峰商场的土压力变化与发展规律基本相同。可以认为，环球中心的现场土压力测试数据是超高层建筑相当完整的资料。

（4）从测点TY1-TY2-TY3-TY4-TY5断面、测点TY1-TY6-TY7断面和测点TY1-TY8-TY9断面的土压力随时间变化规律的对比（图2-15、图2-16和图2-17），可以判断上部结构（包括地下室结构）刚度形成时相应的建筑层数，对环球中心可初步推断为F4～F6。但还要结合桩顶反力和筏板钢筋应力，综合确定。这样，为设计人员创造一个有利的根据。

（5）结合深大基坑开挖卸载引起回弹与再压缩理念，分析自重压力阶段和相应的土压力转折点以及可供确定结构刚度的形成参考，更重要的是基坑土的自重占建筑物基础总压力的46.8%，属于部分补偿桩筏基础[6]，加强人们对自重压力阶段和补偿桩筏基础的重视。

（6）环球中心有不同的实测土压力，从60.39～191.74kPa（表2-7），反映筏基不同的厚度、相应的标高和不同位置的影响，与一般等厚筏基的反力有所不同。然而，它充分表明基底土始终分担建筑物的荷载是客观事实，并为桩筏基础设计节省投资提供条件。

（7）留下的问题是从2007年底～2008年9月16日，测试结束，在这阶段，工程已经竣工，施工机械等撤走，装饰也完工，开始营业的时候，却出现9条土压力-时间曲线均出现下降-上升-平稳状态。桩顶反力和筏板钢筋应力也有类似状态。只能认为在一定程度上随着土的固结，土压力、桩顶反力和钢筋应力在互相调整中。

总之，环球中心的现场土压力测试资料，相当完整准确，分析比较详细，还获得了一些重要论断，可以认为，它为超高层建筑基础设计留下永恒的财富。

## 参 考 文 献

[1] 陈绪禄. 群桩基础原体观测——上海二区散粮筒仓原观测报告. 南京水利科学研究所，1979.

[2] 赵锡宏等著. 上海高层建筑桩筏和桩箱基础设计理论. 上海：同济大学出版社，1989.

[3] Dai Biaobin，Ai Zhiyong，Zhao Xihong，Fan Qingguo and Deng Wenlong. Field Experimental Studies on Super-tall Building，Super-long Pile & Super-thick Raft Foundation in Shanghai. 岩土工程学报，2008.

[4] 陈卫，赵锡宏. 高层建筑的结构刚度对箱形基础性状的影响 [J]. 建筑结构，2009，39（8）：99-102.

[5] 齐良锋. 高层建筑桩筏基础共同工作原位测试及理论分析 [D]. 西安：西安建筑科技大学，2002.

[6] Tang YJ and Zhao XH. 121-story Shanghai Center Tower foundation re-analysis using a compensated pile foundation theory [J]. Journal of Structural Design of Tall and Special Buildings. 2013，DOI：10.1002.

# 3 上海环球金融中心桩筏基础桩顶反力分析

桩顶反力的研究，是高层建筑基础设计的一个重要课题。桩顶反力的现场测试研究很多，而影响桩顶反力的因素复杂，既有布置位置，又有筏板（箱基底板）厚薄和厚度的变化，更有桩的长短并存、施工条件的影响，尤其是超高层建筑结构的复杂性，影响桩基设计的水平。

本章首先汇总国内外高层和超高层建筑桩筏（箱）基础桩顶反力的实测资料，根据同济大学高层建筑与地基基础共同作用课题组从20世纪80年代以来的研究成果以及数十年来现场试验的经验与教训，作为指导思路来分析本工程的桩顶反力。

本章桩顶的应变计布置，与土压力计和钢筋应力计的布置原则基本相同，侧重考虑桩所在的不同标高，不同筏厚，不同桩长，采用对比方法探讨桩顶反力在不同条件下的变化规律、基坑回弹的影响，获得宝贵的数据，为桩-土分担建筑物荷载提供有利依据；从桩顶反力随着时间的变化规律，探讨上部结构（包括地下室结构）刚度的贡献，获得定量数据。所有这些有益的结论，将有助于提高桩筏基础的设计水平。

## 3.1 引言

对于超高层建筑，尤其是对101层上海环球金融中心，在缺乏基础深埋条件下桩筏基础桩顶反力的测试数据情况下，所有现场测试资料显得特别宝贵。

本工程桩的施工在1997完成，相隔7年基坑施工开始。打桩后7年之久，按照上海的经验，桩的承载力可提高达20%以上，可惜未做试验验证。

本章的桩顶反力原始数据由上海中浦勘测技术研究所提供。

## 3.2 环球中心桩筏基础桩顶反力的测试概况

本工程的现场测试工作是从2004年12月17日晚~18日凌晨埋设仪器开始。桩顶反力的第一次实测是在筏基混凝土全部浇筑完毕（2005年1月31日）后的20日（2005年2月20日）开始。

为了经济有效地获得筏基的反力，考虑环球中心的基础平面可视为78.74m×78.74m的正方形，而群桩布置又对称，在风力作用下，偏心不大，因此，桩顶应变计的埋设布置原则是：取平面的1/4，即上左角，对角斜线、左$X$轴线和上$Y$轴范围。

测点布置与土压力盒布置相似。以核心筒中心点，沿对角斜线，即$Y$钢筋方向，布置五个测点，即测点Z1~Z5，每一个点在筏底土层上，但标高不同；同样，以核心筒中心点，沿$X$轴向左，布置五个测点，即测点Z6~Z10，另外，还有两个测点，以核心筒中心点，沿$Y$轴向上，布置两个测点，即测点Z11和Z12，这样，共埋设12个测点，分别以Z1~Z12表示，桩的应变计的布置的平面和剖面分别见图3-1和图3-2。

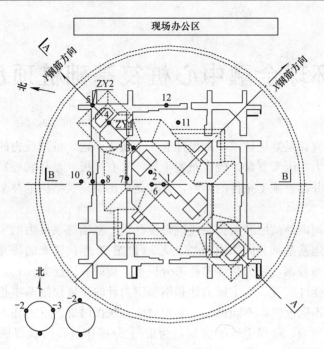

图 3-1 桩基应变计的平面布置图中的圆形为围护结构

图例:

⬚ 桩顶表面应变计组别:1~12

○ 桩顶压力计:ZY1~ZY2

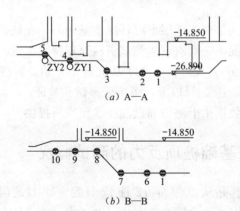

图 3-2 桩基应变计的布置剖面

这里特别指出,桩顶的应变计的埋设布置是根据厚筏底面所在标高埋设,即:

| | | | |
|---|---|---|---|
| Z1 | —26.89 | Z5 | —19.40 |
| Z2 | —26.89 | Z8 | —19.28 |
| Z3 | —26.89 | Z9 | —19.28 |
| Z6 | —26.89 | Z10 | —19.28 |
| Z7 | —26.89 | Z11 | —19.15 |
| Z4 | —22.58 | Z12 | —19.28 |

由于桩顶应变计所在位置不同，测得的桩顶反力也将有所不同。每个测点的每根桩布置有 2～3 个应变计，初时，整理测得的数据采用平均值，但是，有的相差特别大，甚至压、拉力并存，获得的数据不够满意。在该情况下，根据数十年来现场试验的经验与教训，当基础形状规则或比较规则时，可采用 20 世纪 80 年代同济大学高层建筑与地基基础共同作用课题组研究的成果[1]：

$$P_c/P_{av} = 1.32 \sim 1.50$$
$$P_e/P_{av} = 1.05 \sim 1.42 \qquad (3-1)$$
$$P_i/P_{av} = 0.40 \sim 0.86$$

式中 $P_c$、$P_e$、$P_i$ 和 $P_{av}$——分别为角桩、边桩、内部桩和平均桩顶反力。

这个成果一直被同行引用。现在主要将该成果作为指导思想，结合本工程的具体实测情况，并考虑基坑回弹力对桩的影响，对数据进行重新整理。同时应注意到，39 层陕西邮电大楼桩筏基础的现场试验成果[2]：

角桩反力为平均桩反力的 1.52
边桩反力为平均桩反力的 1.07 (3-2)
内部桩反力为平均桩反力的 0.63

这些测试结果基本上与文献 [1] 研究成果相符。

另外，浇筑筏板混凝土的重要日程见本书 0.7 节。

第一次桩顶反力的测试为 2005 年 2 月 20 日，是在筏板混凝土全部浇筑后的第 20 天，此时，考虑桩所在位置非常重要（图 3-1 和图 3-2）。因为对深达 18.64m 的基坑，开挖基坑引起的回弹将产生上拉力，这在 20 世纪 70 年代 31 层伦敦海德公园骑兵大楼（Hyde Park Cavalry Barracks)[3] 的实测结果得到验证。本工程的测点 Z1、Z2、Z3、Z6 和 Z7 五根桩均在核心筒内，而且处于同一筏板底面标高 -26.89m，与筏板面标高 -14.85m 相差 12.04m，受到回弹影响最大或较大，应予注意。

桩顶反力的测试从 2005 年 2 月 20 日连续到 2006 年 2 月 26 日，后因基坑地下连续墙爆破，暂时停止测试。2006 年 7 月 2 日恢复测试，直至 2007 年 7 月 31 日，相应施工进程为内筒 F97 和外筒 F92，施工荷载接近设计荷载，2007 年 9 月 16 日～12 月，大楼结构封顶，2008 年 3 月、6 月和 7 月因故测试暂时停止。2008 年 9 月 16 日结束测试工作。

## 3.3 上海高层与超高层建筑的现场实测桩顶反力

### 3.3.1 浅埋的桩筏（箱）基础的实测桩顶反力

在国外最早是 20 世纪 70 年代 Hooper 对伦敦海德公园骑兵大楼进行现场实测桩筏基础的桩顶反力[3] 研究，在国内也是 20 世纪 70 年代对上海筒仓的桩筏基础进行现场研究[4]。随后，20 世纪 80 年代北京建筑科学研究院地基所对湖北外贸中心大楼的桩箱基础[5] 和同济大学高层建筑与地基基础共同作用研究组对上海三幢（贸海宾馆、消防大楼和彰武大楼）高层建筑的桩筏（箱）基础进行系统测试研究[1]。这些桩顶反力测试资料中，最为成功的是彰武大楼，该大楼为 16 层住宅，高 56.5m，上部结构为现浇预制梁板的钢筋混凝土框架-剪力墙体系，满堂式桩箱基础，桩基采用钢筋混凝土预制桩，桩长 26m，断面为 50cm×50cm 方桩，测得的角桩、边桩和内部桩顶反力非常有代表性，见图 3-3。

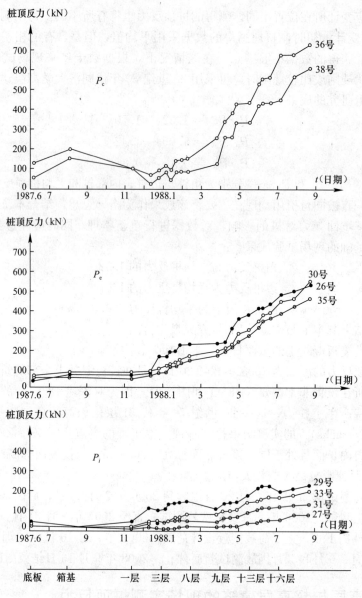

图 3-3　上海彰武大楼的桩顶反力-时间（层数）关系

### 3.3.2　深埋的桩筏基础的实测桩顶反力

对于基础埋深超过 15m 的桩筏基础，在 21 世纪初期，我国首次进行深埋桩筏基础的现场测试的当推上海长峰商场，遗憾的是 60 层的大楼施工已超过一半时，桩基测试元件全部被毁，这是一个很大的教训，又是一个宝贵的财富，它给环球中心现场测试时有个前车之鉴，使其全部测试元件的成功率达 95％以上。因此，特别珍惜环球中心的桩基的测试资料。

还要指出，高层和超高层建筑的桩筏（箱）与土分担的国内外 18 个实测（其中国内 10 个实例，国外 8 个实例）资料的汇总[10]，见第 2 章的表 2-1，这里不再重述。

# 3.4 环球中心桩筏基础在对角斜线上 5 个测点桩顶反力的分析

5 个测点 Z1、Z2、Z3、Z4 和 Z5 是沿对角斜线（Y 钢筋方向）布置，见图 3-1 和图 3-2。其标高、位置、相应厚度及桩的长短（桩长 79m）分别为：

（1）Z1～Z3 在核心筒内，底板标高均为 −26.89m；

Z1 在内框筒中心，Z2 在内框筒内，Z3 在内筒角，筏厚均为 12.04m。

（2）Z4～Z5 在外框筒，底板标高分别 −22.58m 与 −19.40m；

Z4 在外框筒内的巨型柱上，筏厚为 7.30m；Z5 在外框筒角上外框筒，外框筒筏厚为 5.45m。

这样，在对角斜线（Y 钢筋）方向布置的 5 测点的厚度为 12.04m、7.30m 和 4.5m；所处位置在角点、巨型柱和内筒内部；桩的长度也不同；这些特点将影响桩顶反力的大小。

## 3.4.1 测点 Z1～Z3 桩顶反力分析

（1）对测点 Z1 桩顶反力分析

测点 Z1 位于深基坑中央，由于开挖引起回弹约 30mm，而且暴露时间长，该部分的一些桩必然产生上拔力（拉力）。此时，不妨回顾 3.2 节已论述伦敦海德公园骑兵大楼的桩上拔力问题。考虑到桩基的第一次实测是在近 40000m³ 混凝土筏板浇筑后 20 天开始（2005 年 2 月 20 日），既有向下压力和上拔力的平衡问题，根据三个应变计数据的分析应变又取为零，到 4、5 月间，相当施工进度为地下 B2，产生上拔力近 250kN，直至 2005 年 7 月间，相当施工进度为地面 F2，接近土自重压力阶段才停止回弹，这种情况与 20 世纪 70、80 年代对上海的箱基和桩筏基础实测回弹的研究结果相符，在第 1 章已经阐述。因为沉降随着荷载的增加而增加，也就是说核心筒中心点的沉降，将与桩反力的大小密切相关，从图 3-4 可见（2006 年 12 月～2007 年 1 月间，相当施工进程为内筒 F78～F79），与环球中心的沉降-时间关系（图 1-9）的确有相仿之处。桩顶反力达到最大（1643kN）时，也就是沉降速度达到最大之时。然后，沉降速度缓慢，相应桩间荷载进行调整。到 2007 年 7 月底，桩顶反力下降为 1437kN，相应施工进度内外筒为 F97 和 F92，8 月底施工进度内外筒为 F100 和 F95。从 2007 年 9 月～12 月间，就是大楼结构封顶之时，荷载基本接近稳定，桩顶反力为 1662kN，略超过 2007 年 1 月间（内筒 F78～F79）的反力（1643kN）。

在此期间，桩顶反力呈上拱形。这种情况是否合理，现试作检查，每根桩平均荷载为总荷载除与以桩数，即 4400000/1177=3750kN，那么，$P_i/P_{av}$=1662/3750≈44%，这个数据符合规则平面的内部桩与平均荷载比的范围 0.40～0.86。同时，采用对比法，与旁边的 Z2 和 Z6 相比，测点 Z6 比 Z2 离 Z1 近的情况，将在下面论述。另一方面，从 2007 年 12 月间始，测点 Z1 桩顶反力发生下降和稳定状态，这种情况，其他 11 个测点中大多数均有类似情况发生。土压力同样有类似的变化（图 2-18），而且，筏板钢筋应力也同样有类似情况（图 4-4），这是由于外部环境变化引起，还是由于土体的固结沉降引起，尚不明确。正如第 2 章的结论所说，只能认为土压力、桩顶反力和钢筋应力在互相调整中。

（2）对测点 Z2 桩顶反力分析

该点与测点 Z1 同在对角斜线上，并与 Z1 相距只有 6.82m，同样受到回弹的影响，而在地下连续墙爆破前后（到 2006 年 12 月～2007 年 1 月间，相当施工进程为内筒 F78～F79），桩顶反力-时间关系与 Z1 的有类似之处，见图 3-4 和图 3-5。此后，相似性少些。2007 年 12 月间桩顶反力高达 3403kN，比测点 Z1 桩顶反力大得多。

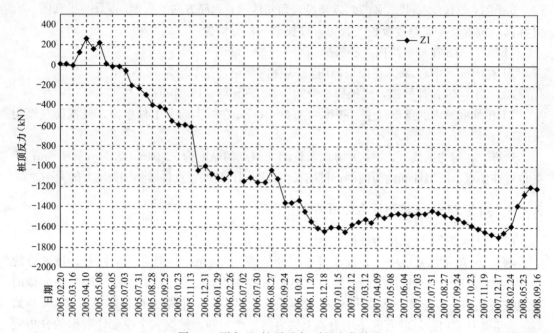

图 3-4　测点 Z1 桩顶反力-时间变化关系

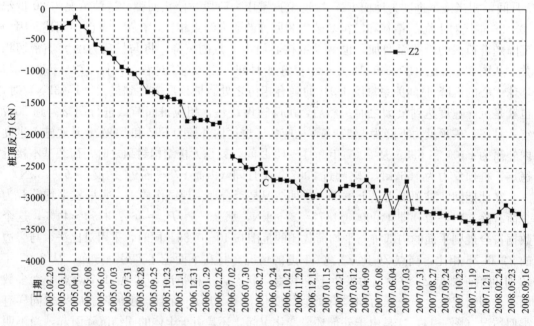

图 3-5　测点 Z2 桩顶反力-时间变化关系

（3）对测点 Z3 桩顶反力分析

该点与 Z2 相距有 11.15m，在地下连续墙爆破前桩顶反力-时间关系亦与 Z1 的有类似之处，见图 3-4 和图 3-6，爆破后 Z3 的反力-时间关系与 Z2 也很类似，2007 年 12 月间桩顶反力高达 3800kN。

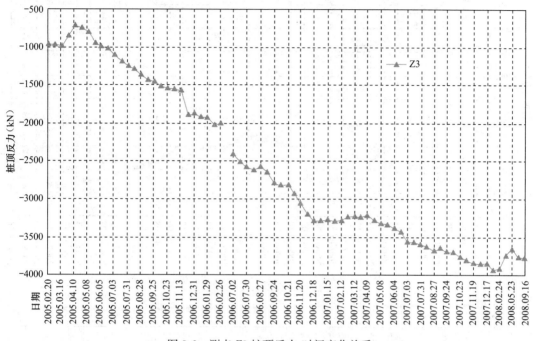

图 3-6　测点 Z3 桩顶反力-时间变化关系

由此可见，Z1～Z3 桩顶反力-时间关系总体来看类似，桩顶反力 Z1<Z2<Z3，符合一般基础形状规则或比较规则时桩顶反力的分布规律。

### 3.4.2　测点 Z4～Z5 桩顶反力分析

（1）对测点 Z4 桩顶反力分析

该点与测点 Z1～Z3 位于同一对角斜线上，与 Z1～Z3 不同的是位于外框筒角内的巨型柱上，同时，所在的筏厚小些，为 7.30m。正因为所在位置不同，巨型柱承担建筑物的荷载大，在测试始点上的荷载比 Z1～Z3 的大，因此，桩顶反力-时间关系曲线的发展与 Z1～Z3 有相似之处，见图 3-4～图 3-7，而桩顶反力在增长，到 2007 年 12 月底，桩的反力高达 5500kN。

（2）对测点 Z5 桩顶反力分析

该点与测点 Z1～Z4 位于同一对角斜线上，与 Z1～Z4 不同的是位于外框筒角上，同时，所在的筏厚比较小，仅为 4.50m。测点 Z4～Z5 的距离为 8.93m。正因为所在位置不同，承担建筑物的荷载相对巨型柱上的 Z4 小，在测试始点上的荷载也比 Z4 的小，见图 3-8。因此，桩顶反力-时间关系曲线的发展与 Z1～Z4 有些不同，在 2007 年 12 月底，桩顶的反力为 3237kN，比 Z4 的小，这是因为 Z4 位于巨型框筒上。

概括上述测点 Z1～Z5 桩反力-时间关系的发展规律，由于各个位置的不同，所在的筏厚有所差异，到 2007 年 7 月底，相应施工进度内外筒为 F97 和 F92，实测的桩顶的反力分别依次为 1500kN、3150kN、3600kN、5100kN 和 3250kN，符合一般规则桩基平面布置

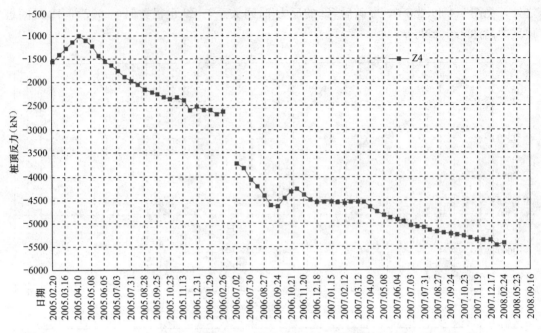

图 3-7　测点 Z4 桩顶反力-时间变化关系

图 3-8　测点 Z5 桩顶反力-时间变化关系

桩的反力分布规律。以后荷载增长较小，迨至 2008 年 9 月 16 日（竣工后）测试结束时，相应桩顶反力在调整，分别为 1215kN、3403kN、3773kN、5422kN、3608kN（图 3-9）。要指出的是：外框筒内巨型柱的 Z4 桩顶反力为 5422kN，与当年初步设计的每根桩的平均荷载 4400000/1177＝3750kN 比较，大了 1.34 倍，也有必要对桩的承载力作一核对，见文献[6,7,8]。与 LERA[9] 的容许承载力的对比，见表 3-1。

论文建议和 LERA 的容许承载力的对比　　　　　　　　　　　　　表 3-1

| 桩　号 | 桩长（m） | 桩的容许承载力 | | (1)/(2) |
|:---:|:---:|:---:|:---:|:---:|
| | | (1) 论文（kN） | (2) LERA（kN） | |
| H1 | 79 | 6917 | 5800 | 1.193 |
| H2 | 60 | 5232 | 4300 | 1.217 |
| H5 | 80 | 5677 | 5700 | 0.996 |
| L2 | 60 | 3912 | 3200 | 1.223 |

由表 3-1 可见，桩的容许承载力是满足的。正如引言部分指出，打桩后历时 7 年，基坑施工，桩的承载力约提高 20%。

另外，把上述 Z1～Z5 桩反力绘制一个综合图，见图 3-9。

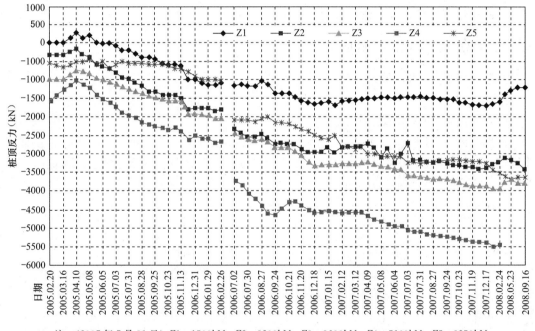

注：（2007 年 7 月 31 日）Z1=1500kN，Z2=3200kN，Z3=3600kN，Z4=5100kN，Z5=3250kN

图 3-9　测点 Z1～Z5 桩顶反力-时间变化关系综合图

从图可见，在地下连续墙爆破前，Z1、Z2、Z3 和 Z4 桩顶反力-时间变化曲线很相似，特别是从 2005 年 7～8 月间（相当施工进程为地面 F2～F4 间）起到 2006 年 2 月 26 日（暂时停止测试），其发展规律一致，此时，提出一个警示：这是受到结构刚度贡献的影响，在该时间土压力-时间关系的规律也相仿（第 2 章）。结构刚度贡献的影响及其有限性，有待钢筋应力-时间发展规律的验证（第 4 章）。至 2007 年底，桩顶反力的总体趋势是不再增长，各桩间的反力会有所调整。

在地下连续墙爆破以后，加上建筑物加载等各种因素影响，因此，测点 Z1、Z2、Z3 和 Z4 桩顶反力-时间变化曲线在 2006 年 10 月前有些不同，然后，又趋于相似。

## 3.5　环球中心桩筏基础在 X 轴线上 5 个测点桩顶反力的分析

5 个测点 Z6、Z7、Z8、Z9 和 Z10 是沿 X 轴向左边布置，见图 3-1 和图 3-2。其标高、位置、相应厚度及桩的长短分别为：

（1）Z1、Z6～Z7 在核心筒内，底板标高均为－26.89m；

Z1 在内框筒中心，Z6 在内框筒内，Z1 与 Z6 距离为 4.78m；Z7 在内框筒上的中点，Z6 与 Z7 距离为 9.06m；筏厚均为 12.04m。

（2）Z8～Z10 在外框筒内外，底板标高均为－19.28m；

Z8 在内外框筒间，Z9 在外框筒外缘，Z10 在外框筒以外。Z7 与 Z8 距离为 9.34m，而 Z8 与 Z9 的距离为 4.33m，Z9 与 Z10 距离为 4.02m；筏厚为 4.43m。

这样，在 X 轴线布置的 5 测点 Z6、Z7、Z8、Z9 和 Z10 的厚度为 12.04m 和 4.43m；所处位置在核心筒内部、核心框筒的中点、内外框间、外框筒的边缘以及以外；桩的长度也不同；这些特点将影响桩顶反力的大小。

### 3.5.1　测点 Z1、Z6 和 Z7 桩顶反力分析

（1）对测点 Z1 桩顶反力分析

已如前述。

（2）对测点 Z6 桩顶反力分析

该点与测点 Z1 同在 X 轴上，与测点 Z1 相距 4.78m，同样受到回弹的影响，在地下连续墙爆破前后桩顶反力-时间关系与测点 Z1 的有类似之处。爆破后迨至 2006 年底～2007 年 2 月间保持平稳趋势。随后又缓慢地下降，2007 年 7 月桩顶反力为 2000kN，比 Z1

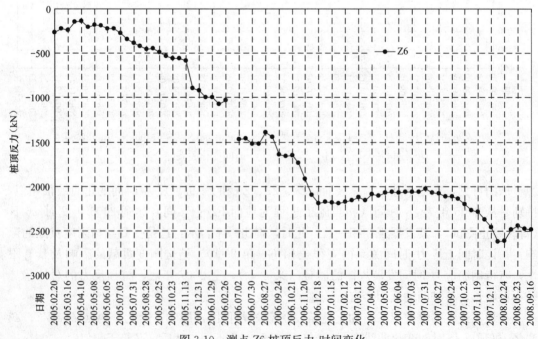

图 3-10　测点 Z6 桩顶反力-时间变化

的桩反力大。至测试结束为 2500kN。测点 Z2 与 Z1 相距 6.82m，故测点 Z6 比 Z2 的桩顶反力小，说明回弹的影响与中心距离远近有关，近者影响大，远者影响小。

（3）对测点 Z7 桩顶反力分析

该点与测点 Z6 相距 9.06m，在地下连续墙爆破前后桩顶反力-时间关系亦与测点 Z1 和 Z6 的发展有类似之处，只不过桩顶反力增长较快，在 2007 年 2 月后，桩顶反力保持平稳状态，一直停留在 4100kN。自 2007 年 8 月以后继续缓慢增长，至测试结束时桩顶反力稳定在 4568kN。

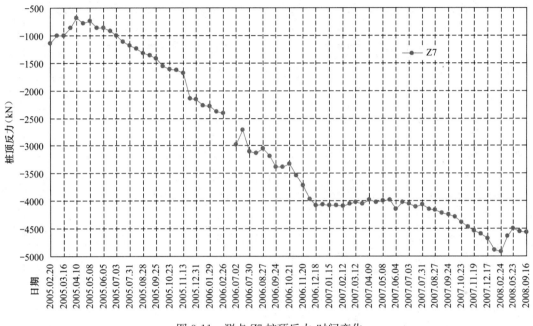

图 3-11　测点 Z7 桩顶反力-时间变化

从图 3-4、图 3-10 和图 3-11 可见，测点 Z1、Z6 和 Z7 的桩顶反力-时间关系的趋势相似，桩顶反力值 Z1＜Z6＜Z7，符合一般桩反力的分布规律。

### 3.5.2　测点 Z8～Z10 桩反力分析

测点 Z8～Z10 的标高相同，筏厚均为 4.43m，测点 Z8 处在内外框筒之间，测点 Z9 在外框筒中点，测点 Z10 在外框筒外边。

（1）对测点 Z8 桩顶反力分析

该点与测点 Z7（筏厚为 12.04m）相距 9.34m，同样受到一定回弹的影响，而在地下连续墙爆破前后桩顶反力-时间关系与测点 Z7 的有类似之处。到 2007 年 7 月桩顶反力停留在 3500kN，因为测点 Z8 处在内外框筒之间，比测点 Z7 的桩顶反力小。测试结束时桩顶反力稳定在 3711kN。

（2）对测点 Z9 桩顶反力分析

该点与测点 Z8 相距 4.33m，受到较小回弹的影响，在地下连续墙爆破前桩顶反力-时间关系与测点 Z8 的有类似之处。但是，其位置在外框筒中点，到 2007 年 7 月桩顶反力缓慢增加到 4100kN，比之测点 Z8 桩顶反力大些。测试结束时桩顶反力为 4375kN。

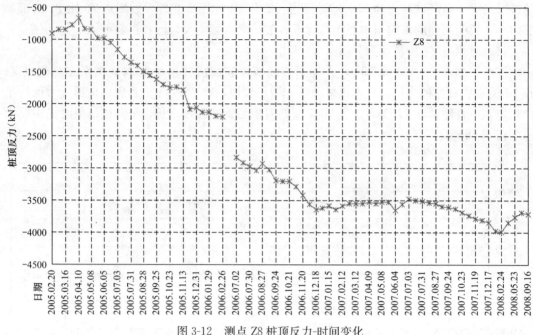

图 3-12　测点 Z8 桩顶反力-时间变化

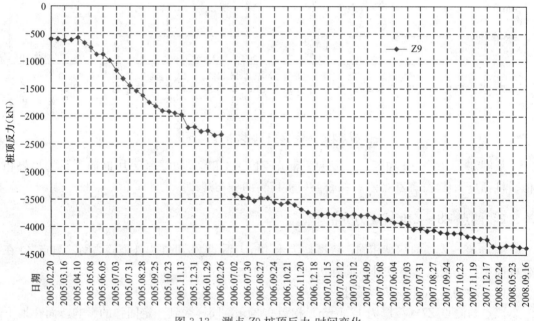

图 3-13　测点 Z9 桩顶反力-时间变化

（3）对测点 Z10 桩反力分析

该点与测点 Z9 相距 4.02m，筏厚相同，为 4.50m，受到较小回弹的影响，在地下连续墙爆破前桩顶反力-时间关系与测点 Z9 的有类似之处，但是，其位置在外框筒外边，在地下墙爆破后，桩顶反力增长较快，到 2007 年 7 月桩顶反力增加到 4600kN，比之测点 Z9 桩顶反力大些。测试结束时桩顶反力为 5490kN。这样，测点 Z10 桩顶反力成为测点 Z1、Z6、Z7、Z8、Z9、Z10 之最。

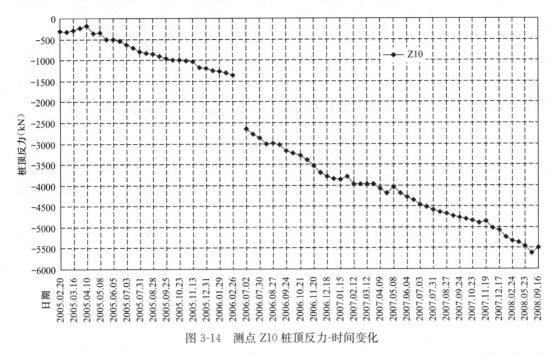

图 3-14 测点 Z10 桩顶反力-时间变化

从图 3-12、图 3-13 和图 3-14 可见，测点 Z8、Z9 和 Z10 的桩顶反力-时间关系的趋势类似，桩顶反力值 Z8＜Z9＜Z10，符合一般桩顶反力的分布规律。

对于在 *X* 轴上的测点 Z1、Z6、Z7、Z8、Z9 和 Z10，如同在斜对角线（*Y* 钢筋方向）上的测点 Z1、Z2、Z3、Z4 和 Z5，也绘制一个综合图（图 3-15）。比较图 3-15 和图 3-9，

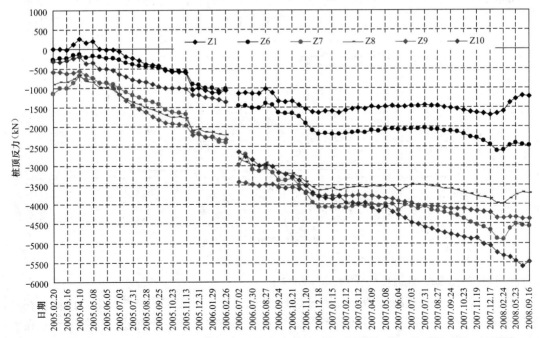

注：（2007 年 7～8 月）Z1＝1500kN，Z6＝2000kN，Z7＝4100kN，Z8＝3500kN，Z9＝4100kN，Z10＝4600kN

（2007 年 12 月间）Z1＝1600kN，Z6＝2487kN，Z7＝4568kN，Z8＝3711kN，Z9＝4675kN，Z10＝5000kN

图 3-15 测点 Z1、Z6～Z10 桩顶反力-时间综合图

桩顶反力-时间变化很相似。2007 年 9～12 月大楼结构封顶前，桩顶反力变化不大，进入结构封顶期间，桩顶反力开始增加（图 3-15），2008 年以后，桩顶反力在各桩之间有所调整，趋于稳定。

## 3.6　环球中心桩筏基础在 Y 轴线上 2 个测点桩顶反力的分析

测点 Z11、Z12 在 Y 轴线上，标高相同，筏厚均为 4.43m，Z11 处在内外框筒之间，Z12 为外框筒上的中点。测点 Z1 与 Z11 的距离为 23.83m，Z11～Z12 的距离为 7.78m；测点 Z11、Z12 与 X 轴上的测点 Z8、Z9 基本对应，不过，位于不同轴线上，距离不同。

（1）对测点 Z11 桩顶反力分析

该点与测点 Z1（筏厚为 12.04m）相距 23.83m，从图 3-16 可见，测点 Z11 基本不受到回弹的影响，因此，在地下连续墙爆破前桩顶反力-时间关系曲线虽与测点 Z1 的有一些类似之处，但桩顶反力则不同，比测点 Z1 的桩顶反力大。爆破后在 2007 年 2 月前，桩顶反力-时间关系曲线与测点 Z1 也有一些类似之处，然后，反力增长，到 2007 年 7 月桩顶的反力超过 4000kN。至测试结时增至 4498kN。也比对应 X 轴线上的测点 Z8 大些。

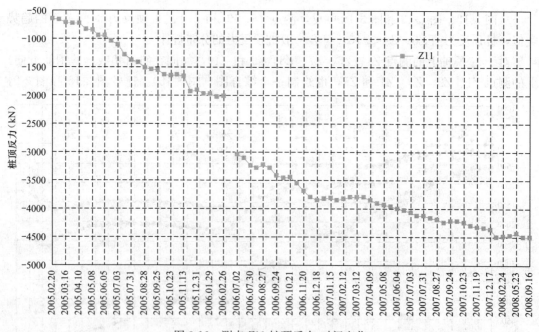

图 3-16　测点 Z11 桩顶反力-时间变化

（2）对测点 Z12 桩顶反力分析

该点与测点 Z11 相距 7.78m，从图 3-17 可见，基本不受到回弹的影响，因此，在地下连续墙爆破前后桩顶反力-时间关系曲线与测点 Z11 的很有类似之处，只是该点正在外框筒上中点，比测点 Z11 桩顶反力大些，到 2007 年 7 月桩顶反力略超过 4500kN。至测试结束时桩顶反力为 5080kN。

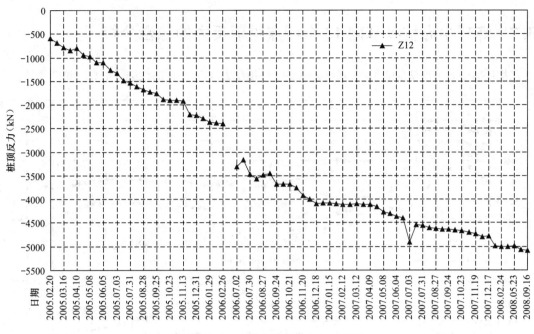

图 3-17 测点 Z12 桩顶反力-时间变化

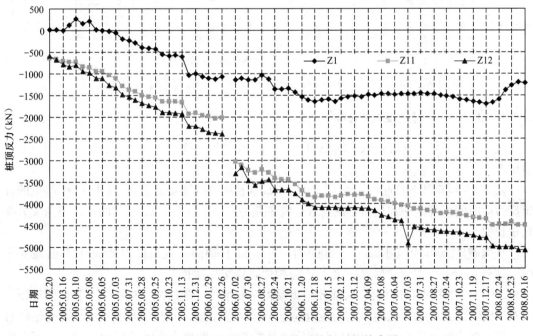

图 3-18 测点 Z1、Z11、Z12 桩顶反力-时间综合图

从图 3-18 可见，除了测点 Z11、Z12 有很多类似之处，同样发现，在 2005 年 7 月～8 月间起，迫至 2007 年 2 月～3 月，测点 Z1、Z11、Z12 桩顶反力增长均等或均衡，这是结构刚度贡献的影响结果。随后测点 Z11、Z12 桩顶反力增长趋势基本一致，只是测点 Z12 的桩顶反力比测点 Z11 大些。

## 3.7 环球中心桩筏基础 12 个测点桩顶反力的综合分析

把环球中心桩筏基础的 12 个测点 Z1～Z12 桩顶反力-时间变化曲线进行汇总，见图 3-19。

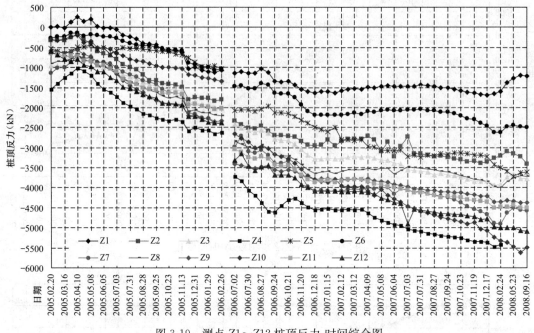

图 3-19 测点 Z1～Z12 桩顶反力-时间综合图

从图 3-19 可见，测点 Z1～Z12 的桩顶反力-时间变化曲线基本上很相似。

### 3.7.1 桩顶反力-时间变化曲线的特点

从 2005 年 2 月 20 日测试～2005 年 6 月初，受基坑回弹影响，大部分桩顶反力先减小后增大。

从 2005 年 6 月 5 日起～2006 年 2 月 26 日（基坑连续墙爆破前），几乎 12 个测点的桩顶反力随时间以等速率和相似形状增长，特别是 2005 年 11 月～12 月间的一次桩顶反力变化也相似。

从爆破后 2006 年 7 月 2 日～2006 年 10 月 21 日期间，桩顶反力-时间关系曲线变化（除 Z4 外）十分相似。此后 Z1～Z12 十分相似，均缓慢增长。

2007 年 12 月 17 日以后，大部分桩顶反力略有增加，随后减小或不变，各桩间桩顶反力有调整，但其值趋于稳定。这一变化同土压力与孔隙水压力在该时间段内的变化相对应，即土压力略有减小，随后增加至稳定，孔隙水压力也减小，随后增加至稳定。三者的变化特点十分相似。第 4 章的钢筋应力尽管受气候变化和结构刚度的影响，在测试结束前，也有一些相似之处。

### 3.7.2 影响桩顶反力大小的因素

在以往的现场实测中，筏板厚度不变，布桩均匀，上部结构体型规则简单，主要由桩的位置决定桩顶反力的大小。随着超高层建筑高度的增高，采用变厚度筏板，布桩方式也有所改进，且超高层建筑多采用内外筒体结构，设巨型柱，施工流程日趋复杂。还有，基坑越来越深，像本工程深达 18.65m，回弹力的影响也越来越重要，因此，桩顶反力的影响因素也变得复杂。试从下列几个方面进行论述。

（1）基坑土的回弹影响

从理论上说，基坑开挖引起的回弹的影响要持续到结构荷载等于基坑土重量为止，就是说，施工荷载要加到建筑物总荷载的 46.8%。基坑开挖后引起的回弹，使桩产生上拔力（拉力）持续到 2005 年 6 月 5 日（相应施工进程为地面 F1），才恢复到第一次测量的桩顶反力数据。对内筒中心点 Z1 尤为明显。由于结构荷载分布不一，回弹的影响也有所不同，见图 3-19。距离中心点 Z1 的远近不同，桩顶反力就不同，旁边的 Z2 和 Z6 就是明证。

（2）桩的位置仍是影响桩顶反力的重要因素

一般来说，角桩反力最大，边桩次之，中心桩最小。表 3-2 为 2007 年 7 月 31 日（形象施工进度为内筒 F97，内筒 F92）的桩顶反力数据，此时试取 12 个桩顶反力的平均值（$P_{av} = -3617.63$kN）作为 $P/P_{av}$（$P$ 为每根桩的桩顶实测反力）比较的标准。

**每根桩实测反力 $P$/实测平均桩顶反力 $P_{av}$ 的比较表**（2007 年 7 月 31 日）　　表 3-2

| 桩　号 | Z1（内筒中心桩） | Z2（内筒内桩） | Z3（内筒角桩） | Z4（外筒内柱桩） | Z5（外筒角桩） | Z6（内筒内桩） |
|---|---|---|---|---|---|---|
| 桩顶反力（kN） | −1437.53 | −3147.72 | −3596.82 | −5081.1 | −3237.49 | −2031.12 |
| $P/P_{av}$ | 0.40 | 0.87 | 0.99 | 1.40 | 0.89 | 0.56 |
| 桩　号 | Z7（内筒边桩） | Z8（内外筒间） | Z9（外筒边桩） | Z10（外筒以外） | Z11（内外筒间） | Z12（外筒边桩） |
| 桩顶反力（kN） | −4064.91 | −3511.32 | −4032.59 | −4585.76 | −4123.94 | −4561.25 |
| $P/P_{av}$ | 1.12 | 0.97 | 1.11 | 1.27 | 1.14 | 1.26 |

注：外框筒内巨型柱的 Z4 桩顶反力为最大。

表 3-3 为 2008 年 9 月 16 日竣工后测试结束时的桩顶反力数据，此时，试取 12 个桩顶反力的平均值（$P_{av} = -3969$kN）作为 $P/P_{av}$（$P$ 为每根桩的桩顶实测反力）比较的标准。

**每根桩实测反力 $P$/实测平均桩顶反力 $P_{av}$ 的比较表**（2008 年 9 月 16 日）　　表 3-3

| 桩　号 | Z1（内筒中心桩） | Z2（内筒内桩） | Z3（内筒角桩） | Z4（外筒内柱桩） | Z5（外筒角桩） | Z6（内筒内桩） |
|---|---|---|---|---|---|---|
| 桩顶反力（kN） | −1215.25 | −3403.20 | −3772.71 | −5421.94 | −3607.69 | −2487.46 |
| $P/P_{av}$ | 0.31 | 0.86 | 0.95 | 1.37 | 0.91 | 0.63 |
| 桩　号 | Z7（内筒边桩） | Z8（内外筒间） | Z9（外筒边桩） | Z10（外筒以外） | Z11（内外筒间） | Z12（外筒边桩） |
| 桩顶反力（kN） | −4567.87 | −3711.06 | −4375.35 | −5489.61 | −4498.70 | −5079.82 |
| $P/P_{av}$ | 1.15 | 0.93 | 1.10 | 1.38 | 1.13 | 1.28 |

注：外框筒内巨型柱的 Z4 桩顶反力为最大；因 Z4 点在 2008 年 9 月 16 日失效，测点数据取自 2008 年 2 月 24 日。

从表 3-2 和表 3-3 可见，测试桩的桩顶反力与同济大学高层建筑与地基基础共同作用课题组获得一般规则平面的桩反力的变化规律基本吻合[1]，见式（3-1）。

（3）筏板厚度的影响

同以往的等厚度筏板相比，该工程采用变厚度筏板，则 $P/P_{av}$ 最大为 1.4（处在角点巨型柱的 Z4），最小为 0.31～0.40（表 3-2，表 3-3），同以往的经验值相比较，该比值范围更小，即桩顶反力的分布趋于均匀。另外，测点 Z5 及 Z8 均位于筏板厚变化处的角隅（图 3-1 和图 3-2），由于周围筏板的"跨越作用"，可能会使得桩顶反力偏小。

（4）结构荷载影响

对于刚度大的筏板，筏板对结构荷载的扩散作用使得桩顶反力分布趋于均匀，而对于刚度较小的筏板，上部结构荷载会影响桩顶反力的分布。测点 Z4 桩在外筒的巨型柱上，上部荷载较大，这是造成 Z4 桩顶反力大的一个重要原因。

（5）施工因素的影响

停止降水会引起桩顶反力有一个减小的阶段。施工过程中的地下墙爆破，引起土体扰动，土压力减小而桩顶反力上升，对外围桩的影响大。在即将竣工时，中心桩的桩顶反力略有减小，而外围桩的反力继续增加，这是因为内外筒有一施工进度差，结构封顶阶段，内筒荷载不变而外筒荷载增加引起。竣工前后期间，施工机械拆卸和装饰等变化以及土的固结等因素，影响着土压力、桩顶反力和筏板内钢筋应力的变化与调整。

因此，影响桩顶反力的错综复杂，很难非常具体定量评价，能够得到表 3-2 和表 3-3 的定量数据实属难得可贵。

### 3.7.3　从桩顶反力随时间变化的规律分析结构刚度的贡献

前面已述及从桩顶反力随时间变化的规律分析结构刚度的贡献，这里不妨简单赘述。从图 3-19 可见，第 1 次 2005 年 2 月 20 日桩顶反力测试开始，至 6 月 5 日，12 个 Z1～Z12 测点的数据由于回弹与再加荷，恢复到第 1 次的数据，与沉降类似，接近土的自重阶段。又 2005 年 6 月 5 日（相应地面 F1 结构完成）～2006 年 2 月 26 日（基坑连续墙爆破前）几乎 12 个测点的桩顶反力随时间以等速率和相似形状增长，特别是 2005 年 11 月～12 月间的一次桩顶反力变化也相似。但是，地下墙爆破后 2006 年 7 月 2 日起，桩顶反力变化有些不同。前者反映结构刚度的贡献的影响，后者表明结构刚度的有限性。

同样，从另一个角度反映桩顶反力随时间变化，见图 3-20～图 3-22，也可表明结构刚度的贡献和有限性。

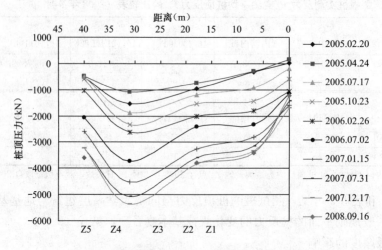

图 3-20　测点 Z1～Z5 断面的桩顶反力-时间曲线

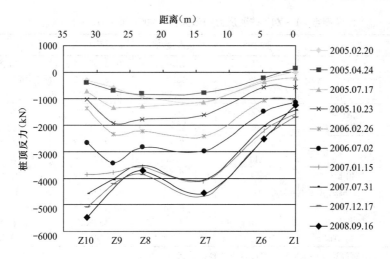

图 3-21　测点 Z1、Z6~Z10 断面的桩顶反力-时间曲线

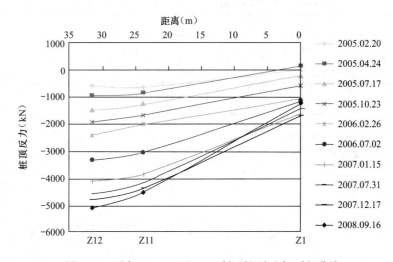

图 3-22　测点 Z1、Z11 和 Z12 断面桩顶反力-时间曲线

## 3.8 结论

（1）桩顶反力大小和分布

为了具体明确测点 Z1~Z12 桩顶反力的最大值及相应的位置，首先强调表 3-2 和表 3-3 的重要性，测试桩的桩顶反力结果与同济大学高层建筑与地基基础共同作用课题组获得的一般规则平面的桩顶反力的变化规律基本吻合。进而把表 3-2 和表 3-3 的数据汇总，如表 3-4 和表 3-5 所示，又见图 3-1 和图 3-2。这样，基本上可以清楚地了解桩顶反力的分布及其合理性。

（2）基坑土回弹的影响

对于深基坑的高层和超高层建筑，基坑土回弹产生的上拔力对桩顶反力影响非常明显，尤其是对中心桩的影响，其桩顶反力最小。明确这个重要因素，对桩基础中桩的布

测点 **Z1～Z12** 桩顶反力的最大值（2007 年 7 月 31 日）         表 3-4

| 位 置 | | 测 点 | 筏板厚度（m） | 最大反力（kN） | 说 明 |
|---|---|---|---|---|---|
| 核心筒内 | 中心 | Z1 | 12.04 | 1437.53 | 在内筒中心 |
| | | Z2 | 12.04 | 3147.72 | 在 Y 钢筋方向 |
| | 角点 | Z3 | 12.04 | 3596.82 | 在 Y 钢筋方向 |
| 内框筒 | 中点 | Z7 | 12.04 | 4064.91 | 在 X 轴方向 |
| | 内框筒内 | Z6 | 12.04 | 2031.12 | 在 X 轴方向 |
| 内外框 筒间 | | Z8 | 7.30 | 3511.32 | 在 X 轴方向 |
| | | Z11 | 4.00 | 4123.96 | 在 Y 轴方向 |
| 外框筒 | 巨型柱 | Z4 | 7.30 | 5081.1 | 在 Y 钢筋方向 |
| | 角点 | Z5 | 4.50 | 3237.49 | 在 Y 钢筋方向 |
| | 边中点 | Z9 | 4.43 | 4032.59 | 在 X 轴方向 |
| | 边外点 | Z10 | 4.43 | 4585.76 | 在 X 轴方向 |
| | 边中点 | Z12 | 4.00 | 4561.25 | 在 Y 轴方向 |

注：表中桩顶反力有高达 5000kN 尚未超过真正的容许承载力。

测点 **Z1～Z12** 桩顶反力的最大值（2008 年 9 月 16 日）         表 3-5

| 位 置 | | 测 点 | 筏板厚度（m） | 最大反力（kN） | 说 明 |
|---|---|---|---|---|---|
| 核心筒内 | 中心 | Z1 | 12.04 | 1215.25 | 在内筒中心 |
| | | Z2 | 12.04 | 3403.20 | 在 Y 钢筋方向 |
| | 角点 | Z3 | 12.04 | 3772.71 | 在 Y 钢筋方向 |
| 内框筒 | 中点 | Z7 | 12.04 | 4567.87 | 在 X 轴方向 |
| | 内框筒内 | Z6 | 12.04 | 2487.46 | 在 X 轴方向 |
| 内外框 筒间 | | Z8 | 7.30 | 3711.06 | 在 X 轴方向 |
| | | Z11 | 4.00 | 4498.70 | 在 Y 轴方向 |
| 外框筒 | 巨型柱 | Z4 | 7.30 | 5421.94 | 在 Y 钢筋方向 |
| | 角点 | Z5 | 4.50 | 3607.69 | 在 Y 钢筋方向 |
| | 边中点 | Z9 | 4.43 | 4375.35 | 在 X 轴方向 |
| | 边外点 | Z10 | 4.43 | 5489.61 | 在 X 轴方向 |
| | 边中点 | Z12 | 4.00 | 5079.82 | 在 Y 轴方向 |

注：表中桩顶反力有超过 5000kN，尽管打桩后达 7 年之久，桩的容许承载力可提高 20% 以上，也应予注意。

置，包括桩的长短和桩距的疏密布置将起重要作用。距离中心 Z1 的远近的影响显著不同，Z2 和 Z6 的桩顶反力就是例证。

（3）结构刚度对基础刚度贡献的影响

从图 3-19 的测点 Z1～Z12 的桩顶反力-时间变化的综合图可见，2005 年 7 月 3 日～2006 年 6 月 26 日基坑地下连续墙爆破前，特别是在 2005 年 11 月 13 日前，测点 Z1～Z12 的桩顶反力-时间变化基本相同。与之相应的从另一个角度反映桩顶反力随时间变化，见图 3-20～图 3-22，从 2005 年 7 月 3 日～10 月 23 日，甚至到 2006 年 6 月 26 日。三条轴线的桩顶反力随时间变化也基本相同。这样，充分说明结构刚度对基础刚度贡献的影响。

"对比图 2-18、图 2-19 和图 2-20 可见，2005 年 7 月 17 日的 F2 和 F3 之间的形象施工进度，（再看图 2-17 的 2005 年 7 月 17 日与 2007 年 6 月 25 日、7 月 21 日的内筒 F97 和外筒 F92 施工进度相应的土反力值基本对应相等）可以代表上部刚度已经形成的象征和依据"。

当然，还要分析第 4 章的筏板的钢筋应力分析，以便进一步论证。

（4）桩土的分担问题

对于本工程的桩筏基础，可以采用统计-经验分析方法确定[10]。

总之，本工程由桩筏基础获得的实测资料和有益结论，将有助改进桩筏基础的设计。

## 参 考 文 献

[1]　赵锡宏等著. 上海高层建筑桩筏与桩箱基础设计理论. 上海：同济大学出版社，1989.

[2]　齐良锋. 高层建筑桩筏基础共同工作原位测试及理论分析 [D]. 西安：西安建筑科技大学，2002.

[3]　Hooper JA. Observations on the behavior of a piled raft foundation in London Clay [J]. Proc. ICE, 1973，55 (2)，855-877.

[4]　陈绪禄. 群桩基础原体观测—上港二区散粮筒仓原观报告. 南京水利科学研究所，1979.

[5]　何颐华，金宝森，王秀珍，雷克木. 高层建筑箱型基础摩擦桩的研究. 中国建筑科学研究院地基所，1987.

[6]　龚剑. 上海超高层及超大型建筑基础和基坑工程的研究与实践 [D]. 上海：同济大学，2003.

[7]　龚剑，赵锡宏. 对 101 层上海环球金融中心桩筏基础性状的预测. 岩土力学，2007，28 (8).

[8]　Gong Jian，Zhao Xi Hong，Zhang Bao Liang. Prediction of performance of piled raft foundation for Shanghai World Financial Center of 101-storey，Sixth Int. Conf. on Tall Building，Hong Kong China，6-8 Dec. 2005.

[9]　MORI，KPF，LERA，ECADI. Shanghai world financial center-structural preliminary design report [R]. 2000. （内部报告）

[10]　赵锡宏，龚剑. 桩筏（箱）基础的荷载分担实测、计算和机理分析. 岩土力学，2005，26（3）：337-342.

[11]　Tang YJ and Zhao XH. 121-story Shanghai Center Tower foundation re-analysis using a compensated pile foundation theory [J]. Journal of Structural Design of Tall and Special Buildings. 2013，DOI：10. 1002.

# 附录 3-1　深埋桩筏基础对抗风引起倾覆力矩的作用

环球金融中心的桩顶反力按照下列偏心受压公式计算：

$$P_i = \frac{P_t}{n} \pm \frac{M_x y_i}{\sum y_i^2} \pm \frac{M_y x_i}{\sum x_i^2}$$

已知：$M_x = 28 \times 10^6 \text{kN} \cdot \text{m}$，$y_i / \sum y_i^2 = 11544 \text{m}$，$P_t = 4400000 \text{kN}$，$P_w = 608220 \text{kN}$，桩容许承载力 $= 4300 \text{kN}$

代入得

$$P_i = (4400000 - 608220)/1166 + 28 \times 10^6 / 11544$$
$$= 3252 + 2426 = 5677 \text{kN} > 4300 \times 1.3 = 5590 \text{kN}$$

其中风载引起的桩顶反力 2426kN 为静载引起的桩顶反力 3253kN 的 75%。

因此，研究深埋桩筏基础对风载引起的影响，相当重要。

根据文献 [11]，以上海中心大厦桩筏基础为例，说明深埋为 31.2m 的桩筏基础对抗风引起倾覆力矩的计算方法和重要性。

上海中心大厦的基本资料如下附表 3-1、附表 3-2 和附图 3-1 所示。

**上海中心大厦桩筏基础的基本参数**　　　　　附表 3-1

| 建筑物 | 高度（m） | 层数 | 基础面积（m²） | 筏板厚度（m） | 基础埋深（m） | 桩数 | 桩长（m） | |
|---|---|---|---|---|---|---|---|---|
| | | | | | | | 内筒 | 外筒 |
| 上海中心大厦 | 632 | 121 | 8250 | 6.0 | 31.20 | 955 | 86 | 82 |

**基底剪力和倾覆力矩**　　　　　附表 3-2

| | 基底剪力（kN） | 倾覆力矩（kN·m） | 注 |
|---|---|---|---|
| 风力 X 方向 | 105517 | 39693110 | RWDI 提供 100 年一遇的数据，阻尼 2% |
| 风力 Y 方向 | 113491 | 43137698 | 同上 |
| 地震 X 方向 | 90584 | 21039764 | 从反应谱求得 100 年一遇的地震频率 |
| 地震 Y 方向 | 90584 | 20952672 | 同上 |

注：RWDI 是 Rowan Williams Davies & Irwin Inc. 的缩写。

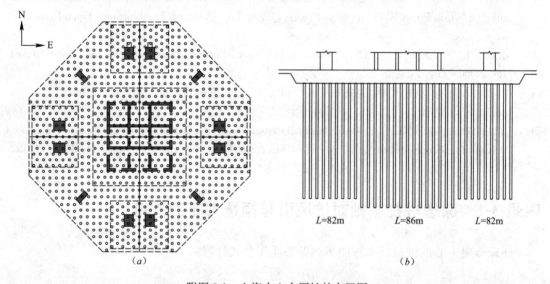

附图 3-1　上海中心大厦桩的布置图
(a) 平面图；(b) 剖面图

　　应用土压力理论可控制由于风引起的倾覆力矩。上海中心大厦视作悬臂板桩，插入土中 $d_{min}$，承受集中水平力 $H$ 所产生的倾覆力矩 $M$，悬臂板桩两旁承受充分发挥的被动土压力如附图 3-2 所示（Alfreds 1964）。这种作用形式类似桥梁工程的沉井的受力，见附图 3-3。

　　对于上海中心大厦的稳定性，必须满足下列静力平衡公式：

$\Sigma H = 0$

$$-H + \frac{1}{2}\gamma d(K_p - K_a)db - \frac{1}{2}2\gamma d(K_p - K_a)zb = 0 \tag{1}$$

$\Sigma M = 0$

$$H(h+d) - \frac{1}{2}\gamma d(K_p - K_a)db\frac{d}{3} + \frac{1}{2}2\gamma d(K_p - K_a)zb\frac{z}{3} = 0 \tag{2}$$

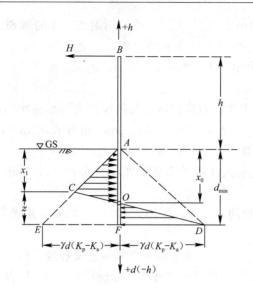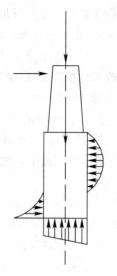

附图 3-2 模拟插入深度 $d_{min}$ 抵抗倾覆力矩的示意图
（在设计时取 $d_{min}=d$，实用上取 $d_{min}$ 比 $d$ 大）

附图 3-3 桥梁工程的沉井受力示意图

从式（1）可得

$$z = \frac{\gamma d^2(K_p - K_a)b - 2H}{2\gamma d(K_p - K_a)b} \tag{3}$$

把式（2）代入式（3）得下式

$$d^4 - \frac{8H}{\gamma(K_p - K_a)b}d^2 - \frac{12Hh}{\gamma(K_p - K_a)b}d - \left[\frac{2H}{\gamma(K_p - K_a)b}\right]^2 = 0 \tag{4}$$

关键点在于核对埋深 $d$ 是否满足式（1）～式（4）的要求。

1. 关键点的计算

两种方法：采用式（1）～式（3）求附图 3-2 的转折点 O 或直接采用式（4）求得所需的 $d_{min}$。

已知：$d_{min}=31.2m$，$b=\sqrt{A}=\sqrt{8250}=90.6m$，在 $d_{min}$ 值范围内土的加权平均摩擦角 $\varphi=18°$，重度 $\gamma=18kN/m^3$，那么

$$\gamma d(K_p - K_a) = \gamma d[(\tan^2 45° + \varphi/2) - (\tan^2 45° - \varphi/2)] = 769.39kN/m^2$$

根据附表 3-2 列举的剪力和风引起的倾覆力矩，采用式（3）可得关键点的位置 $z=13.97m$。

采用图解，连接 C 和 D（见附图 3-2）可得转折点 O。此时，右项的水平力 △OFD 和左项水平力 △OAC 可得：

水平力 △OFD＝312765kN

水平力 △OAC＝432033kN

这样，水平力 △OAC－水平力 △OFD＝119268kN，比 $H$（113491kN）大些，见表附表 3-2。

虽然 $d_{min}=31.2m$ 能够满足 $\Sigma H=0$ 的要求，但是，$d_{min}=31.2m$ 还要满足 $\Sigma M=0$。

式（2）中，除了 $H$ 外，其他参数均已知。根据式（2）的计算结果，$d_{min}=31.2m$ 不能满足 $\Sigma M=0$ 要求，埋深要加深。有两种方法求 $d$：

（1）采用试算方法。试取 $53m < d < 54m$ 代入式（2），可控制附表 3-3 的倾覆力矩（43137698kN·m）的要求。就是说，地下墙的插入坑底下约为 23m（原为 18.8m）。

（2）采用式（4）求解。当已知 $H$，采用式（4）可直接求得所需的 $d_{min}$。

2. 悬臂板桩模拟方法的评价

Alfreds 在 1964 年提出的悬臂板桩模拟方法，对控制风引起的倾覆力矩是很实用和合理的。事实上，上海中心大厦的地下墙的深度为 50m、厚 1.2m，而桩长 82m（净长 50.8m），见附图 3-1。对于 $d = 31.2m$ 已足够安全。

在上海的工程实践中，地下墙在坑底的插入深度采用基础埋深的 $0.7 \sim 0.8$ 是比较合理的。

应予注意，根据 $H$、$h$、$b$ 和加权平均值的 $\varphi$ 和 $\gamma$，采用式（4）很容易直接求得 $d$。但是，$d$ 的优化设计要结合综合分析确定。

由此可见，考虑深埋的桩筏基础对抗风引起的倾覆力矩具有实用意义和经济价值。在本工程中，由于某种原因，环球中心的测试设备和元件被破坏，未能检验 Alfreds 提出方法的效果。

# 4　上海环球金融中心桩筏基础钢筋应力分析

　　本章首先汇总国内6幢高层和超高层建筑桩筏（箱）基础的筏（箱）应力概况。并且，指出在20世纪，不论是现场的实测数据，还是理论上的论证，均说明上部结构刚度对基础刚度的贡献，建筑达到一定层数后，基础应力包括压力和拉力将变为一个基本稳定的数值。这些对本工程的钢筋应力分析具有指导意义。

　　针对环球中心桩筏基础的特点，在三个方向布置11个测点，每一个测点在筏板底层和筏板顶层分别布置两个互相垂直的4个钢筋应力计，总共布置44个钢筋应力计。

　　高层建筑的基础的钢筋应力受到各种复杂因素的影响，例如，测试元件、埋设条件和方法、施工条件、环境和温度等。对于本工程的超高层建筑，还考虑巨型柱和内外框筒的作用荷载的影响，以及钢筋应力计所在位置、标高（筏厚）以及相应桩的长短不同。此外，本工程约有40000m³混凝土的筏板分三次浇注基坑地下连续的爆破，暂时停测4个多月。这些因素包括水化热、混凝土浇筑加载的先后、季节温度变化和地下连续墙爆破等将会影响钢筋应力的变化。

　　考虑到影响钢筋应力的因素如此复杂，根据数十年来的现场测试经验，采用个别分析、对比分析与综合分析相结合方法，对布置在三个方向的钢筋，分别分析各个钢筋应力计随时间的变化，再综合分析其变化规律。最后，对布置在三个方向的钢筋应力进行总的分析，给出共同作用理论的筏板应力计算公式，并得出一些重要的结论。其结论和实测数据，将对桩筏基础的设计改革具有充分的参考价值。

## 4.1　引言

　　所谓厚筏，今试以4m和4m以上的筏板，箱基的底板厚度在3.0m和3.0m以上可归属厚筏范畴。桩筏（箱）基础的应力现场实测资料很少，尤其是超高层建筑的桩筏（箱）基础。在20世纪70、80年代，国内外最早有两个筏基应力数据，具有极大的参考价值。20世纪70年代，美国为了编制筏基规范，对休斯敦市52层独特壳体广场（One Shell Plaza）[1]的筏基进行实测研究。该广场高为217.6m、52层、筏基平面为52.46m×70.76m、筏厚2.52m、埋深18.3m、筏板的混凝土分8次浇筑，混凝土收缩产生高达53800kN/m²（53.8MPa）的压力，这样大的应力应予特别注意；最高的钢筋应力出现在刚性筒体边缘处，其最大值达110MN/m²（110MPa），接近一般钢筋的允许应力。在20世纪80年代，同济大学高层建筑与地基共同作用课题组对上海26层贸海宾馆（现为兰生宾馆）框筒结构的桩筏基础首次进行实测研究，该工程高94.5m，筏厚2.3m，φ609钢管桩入土深度为60.6m，筏板浇筑后，温度引起的收缩压应力为32.2MPa，桩筏基础的筏板顶层、底层的最大钢筋压、拉应力分别为21.7MPa和21.5MPa[2]。为了便于利用对比和综合分析法研究环球中心的厚筏应力，应先了解国内有关桩筏（箱）基础的钢筋应力概况，见表4-1。

国内高层、超高层建筑桩筏基础的实测钢筋应力汇总　　　　表 4-1

| 工程名称 | 上部结构层数 | 地下室结构层数 | 高度（m） | 埋置深度（m） | 基础厚度（m） | 桩类型、长度（m） | 基础钢筋应力（MPa） |
|---|---|---|---|---|---|---|---|
| 湖北外贸中心 | 框剪 22 | 1 | 82.8 | 5.0 | 桩箱 1.5 | RC 管桩 φ500 22 | 10.5 |
| 彰武大楼 | 框剪 16 | 1 | 56.5 | 4.5 | 桩箱 0.68 | RC 方桩 0.5×0.5 26 | 15.0 |
| 消防大楼 | 剪力墙 30 | 1 | 101.0 | 4.5 | 桩箱 0.60 | RC 方桩 0.5×0.5 54 | 14.2 |
| 贸海宾馆 | 框筒 26 | 1 | 94.5 | 7.6 | 桩筏 2.3 | 钢管桩 φ609 60 | 21.7 |
| 陕西邮电网管大楼 | 筒中筒 36 | 2 | 143.3 | 13.6 | 桩筏 2.5 | 灌注桩 φ600 60 | 42.7 |
| 长峰商场 | 框筒 60 | 4 | 238.0 | 20.6 | 桩筏 4.5～6.25 | 灌注桩 φ850 72.5 | 36.2 |

　　上海的超高层建筑，基本上采用桩筏基础。就当时上海最高的四幢大楼而言：金茂大厦的筏基厚度为 4.0m，恒隆广场的桩箱基础的底板厚度为 3.3m，本工程的筏厚为 4.5m，上海长峰的筏厚也为 4.5m。台北 101 大楼的筏基的厚度为 4.7m。目前世界第一高楼的阿联酋迪拜的 Burj Khalifa skyscraper（卡拉法摩天大楼），高度为 828m，筏厚只不过 3.7m。因此，提出一个值得研究问题：应该采用什么方法计算筏基的合理厚度，筏基的合理厚度应该多大？这是长期以来一直尚未解决的重要问题。

　　美国独特壳体广场的筏板应力达 110MPa[1]，对本工程这样超高和超厚筏的应力分析有重要的借鉴意义。

　　我们认为，合理解决筏厚的办法，主要依靠大量现场测试资料，让测试结果摆在设计人员面前，共同研究，商讨一个公认可行的方案，争取早日列入规范，为国家节省财富，这是本章研究的期望所在。

## 4.2　环球中心桩筏基础钢筋应力的测试概况

　　本工程的现场测试工作是从 2004 年 12 月 17 日晚～18 日凌晨埋设仪器开始。

　　基础平面可近似视为正方形，在初步设计中风载作用下有非常微小的倾斜，这样，为了经济有效地获得筏基的应力，应力计的布置原则是：取平面的 1/4，即上左角，以对角线（Y 钢筋方向）和左 X 轴线为主，兼顾 Y 轴布置测点。具体布置（图 4-1 和图 4-2）如下。

　　以核心筒中心点，沿对角斜线（Y 钢筋方向），布置 1～6 测点，每一个测点在筏底层和筏顶层分别布置两个互相垂直的 4 个钢筋应力计，如图 Y 钢筋方向，所在位置见图 4-2 的 A-A；同样，以核心筒中心点，沿 X 轴向左，布置 7～10 测点，每一个测点在筏底层和筏顶层分别布置两个互相垂直的 4 个钢筋应力计，如图 X 轴方向，所在位置见图 4-2 的 B-B；另外，还有一个测点，以核心筒中心点，沿 Y 轴向上，布置 11 测点，也是在筏底层和筏顶层分别布置两个互相垂直的 4 个钢筋应力计。这样，如图 4-1 所示，共布置 11 个测点，每个测点有 4 个钢筋应力计，总共 44 个钢筋应力计。在筏底层以 DG1-X1～DG11-X1 和 DG1-Y1～DG11-Y1 表达实测的数据；在筏顶层以 DG1-X2～DG11-X2 和 DG1-Y2～DG11-Y2 表达实测的数据，布置方向同上述。

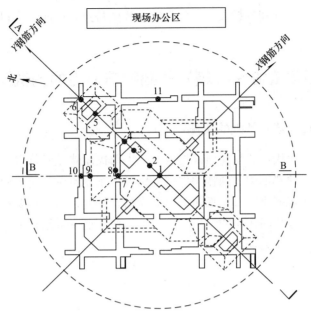

图 4-1 钢筋应力计的平面布置

注：（图中的圆形为围护结构）

图例：

◉ 钢筋应力监测组号：1~11

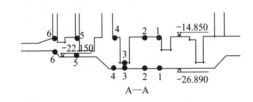

A—A

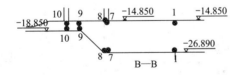

B—B

图 4-2 钢筋应力计的剖面布置

这里特别指出：钢筋应力计布置根据厚筏底面所在标高以及相应桩的长短埋设。因此，由于钢筋应力计所在位置和标高以及相应桩的长短不同，测得的钢筋应力也将有所不同。

约有40000m³混凝土筏板的浇筑是从2004年12月26日起分三次浇筑，到2005年1月31日止，第1次钢筋应力测试是2005年2月20日，迨至2006年2月26日，因基坑地下连续墙爆破，暂时停测4个多月，到2006年7月2日恢复测试。这些因素包括水化热、混凝土浇筑加载的先后、季节温度变化和爆破等将会影响钢筋应力的变化。

基于上述情况，下文将按钢筋应力计所在标高和位置划分进行分析。

需要说明：根据数十年来对现场实测钢筋应力的研究和体会，钢筋应力受到各种复杂因素的影响，例如，测试元件、仪器、埋设条件和方法、施工条件、环境和季节温度等，本章运用去伪存真的整理和分析方法。针对本工程的特点，还应考虑巨型柱和内外框筒的作用荷载的影响。

## 4.3　上海高层建筑桩筏（箱）基础钢筋应力的测试

### 4.3.1　浅埋的桩筏（箱）基础的实测钢筋应力

早在 20 世纪 70 年代，北京建研院地基所、上海民用建筑设计院、上海市政设计院和同济大学高层建筑与地基基础共同作用课题组以及华东建筑设计院已对上海四幢高层建筑的箱形基础进行现场实测研究，包括箱基钢筋应力，研究指出，箱基底板的钢筋应力，由于高层建筑与地基基础共同作用的结果，上部结构包括地下室结构的刚度贡献，使得钢筋应力远远小于容许钢筋应力，见图 4-3。

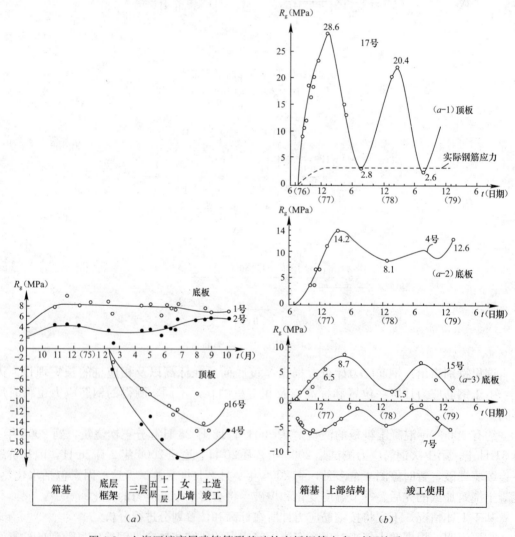

图 4-3　上海四幢高层建筑箱形基础的底板钢筋应力-时间关系（一）

（a）康乐大楼；（b）华盛大楼

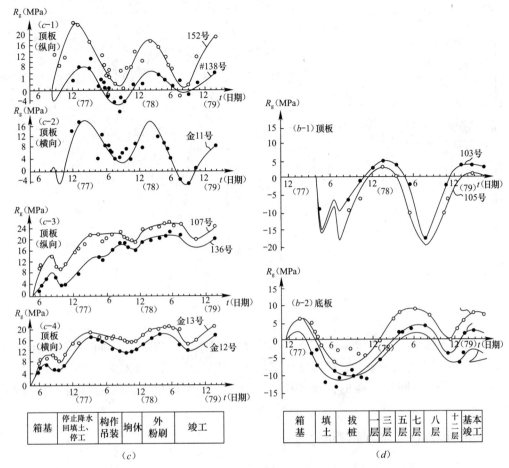

图 4-3　上海四幢高层建筑箱形基础的底板钢筋应力-时间关系（二）
（c）胸科医院；（d）四平大楼

　　值得指出的是：上部结构刚度对基础刚度的贡献，达到一定层数后，箱形基础的应力不再增加或变化很少。温度的影响应予考虑，详细的研究见文献[3]。

　　对于桩筏（箱）基础，在 20 世纪 80 年代，同济大学高层建筑与地基基础共同作用课题组同时对上海贸海宾馆（现为兰生宾馆）（图 4-4）、消防大楼和彰武大楼高层建筑桩筏（箱）基础进行现场研究，包括基础钢筋应力研究[2]。具体的钢筋应力见表 4-1。

　　值得指出的是：上部结构刚度对基础刚度的贡献，达到一定层数后，桩筏（箱）基础的应力不再增加或变化很少。或者，筏板底层的压应力变为拉应力。就是说，高层建筑的箱形基础和高层建筑桩筏（箱）基础的应力具有相同的效应。

　　温度的影响应予考虑。在引言中的 One Shell Plaza 筏厚 2.5m，面积约 3600m²，浇筑筏板混凝土时，分 8 块，水化热产生的受缩压应力高达 53.8MPa。20 世纪 80 年代上海的贸海宾馆（现为兰生宾馆）的桩筏基础厚度 2.3m，水化热引起收缩压力 32.2MPa，并且有历时两年（1987~1988）详细研究的结果[2]，随后 20 世纪 90 年代，同济大学高层建筑与地基基础共同作用课题组在上海三角地大楼的基坑混凝土桁架浇筑时，专门研究水化热的产生与消散过程以及混凝土内的真正应力[9]。研究温度影响的目的是为了防止引起混凝土裂缝。

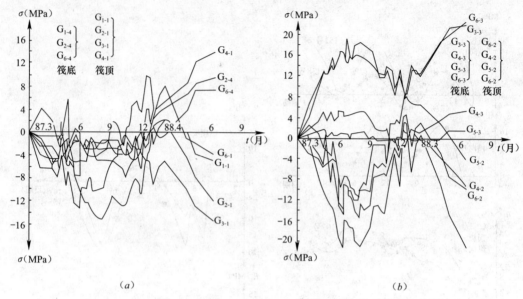

图 4-4　贸海宾馆钢筋应力-时间关系

(*a*) 筏基沿纵向 (S-N)；(*b*) 筏基沿纵向 (E-W)

这里，要强调指出：在文献［2］［3］［4］中，详细论述钢筋应力随时间的变化关系，有历时两年的周期变化记录，包括温度修正，有力地论证结构刚度对应力的影响。

陕西 39 层邮电网管大楼的桩筏基础[5]，也详细研究温度对应力的影响，数据非常宝贵。

### 4.3.2　深埋的桩筏基础的实测钢筋应力

所谓深埋桩筏基础，这里是指 15m 以上的深度。

几年前，同济大学高层建筑与地基基础共同作用课题组和建工集团第二建筑工程公司合作对超高层、超长桩、超厚筏的长峰商场进行现场研究[6]。关于具体的基础钢筋应力的数据见表 4-1。代表性筏板的钢筋应力-时间关系见图 4-5。

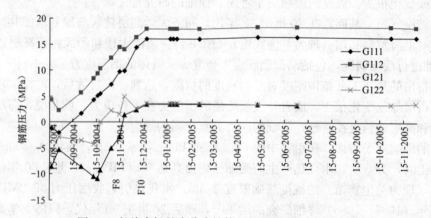

图 4-5　长峰商场的有代表性筏板的钢筋应力-时间关系

从表 4-1 可见，国内的高层和超高层建筑的桩筏（箱）基础的钢筋应力均小于钢筋的容许应力。

值得指出的是：如同浅埋的桩筏（箱）基础，上部结构刚度对基础刚度的贡献，达到一定层数后，桩筏（箱）基础的应力不再增加或变化很少。或者，筏板底层的压应力变为拉应力。

至于深埋的桩筏基础温度对应力影响，88 层金茂大厦的 4m 厚筏和本工程 101 层的 4.5m 厚筏的混凝土浇筑，为了防止裂缝的产生，浇筑混凝土前专门进行试验研究[7]。

总之，在国内，已完成的埋深超过 10m 的桩筏基础，只有陕西邮电网管大楼和上海长峰商场的现场实测，此外，还有 7.6m 深基坑的贸海宾馆桩筏基础的现场试验，至于箱形基础的现场实测当推上海四幢高层建筑[3]，这些高层和超高层建筑的桩筏和箱形基础资料非常难得和宝贵。

# 4.4 环球中心桩筏基础钢筋应力计测试数据的分析

约有 40，000m³ 混凝土筏板的浇注是从 2004 年 12 月 26 日起分三次浇注，到 2005 年 1 月 31 日，第 1 次钢筋应力测试是 2005 年 12 月 20 日，相隔有 20 天，故顶板受水化热导致混凝土收缩引起的压力不大，主要由约 40000m³ 混凝土的重量所产生的应力，而底板的应力仍有些影响。表 4-2 的应力数据已作温度修正。

迨至测试的第 57 次（2006 年 2 月 26 日），因基坑地下墙爆破，暂时停止测试 4 月余。第 58 次是从 2006 年 7 月 2 日恢复测试，直至第 83 次（2006 年 12 月 25 日），相当施工进程为内筒 F78，外筒 F66。

今试选代表性的测点 DG1（核心），DG4（内框筒角点），DG6（外框筒角点），DG10（X 轴外框筒边中点）和 DG11（Y 轴外框筒边中点）（图 4-1 和图 4-2）在第 1 次测试（2005 年 2 月 20 日）～第 83 次（2006 年 12 月 25 日）期间的最大应力做宏观分析，便于对 2007 年竣工阶段的应力的判断。

第一阶段（2005/02/20～2006/02/26），相当从底板到内筒 F27、外筒 F12，此时，暂时停止测试，核心筒中心点 1 号的沉降为 23.35mm。土的自重阶段为 F8，故进入附加应力阶段。

第二阶段在（2006/07/02～2006/12/25），相当从内筒 F53、外筒 F34（恢复测试）起到内筒 78F、外筒 66F，此时，核心筒中心点 1 号的沉降为 55.37mm，处于沉降进入急速下沉阶段。

两阶段的最大应力数据如表 4-2 所示。

**筏板测点 DG1、DG4、DG6、DG10 和 DG11 的钢筋最大应力汇总**　　　　表 4-2

| 测　点 | 阶　段 | 时　段 | 工　况 | 最大沉降 (mm) | 底层最大应力（MPa） | | 顶层最大应力（MPa） | |
|---|---|---|---|---|---|---|---|---|
| | | | | | X 方向 | Y 方向 | X 方向 | Y 方向 |
| DG1 | 第一阶段 | 2005/02/20 ～2006/02/26 | 内筒 F27 外筒 F12 | 23.35 | $-8.61$ | $+3.74$ | $-97.64$ (2005/07/24) | $-43.64$ |
| | 第二阶段 | 2006/07/02 ～2006/12/25 | 内筒 F78 外筒 F66 | 55.37 | $-4.40$ | $+7.23$ | $-90.53$ | $-77.53$ |
| DG4 | 第一阶段 | 2005/02/20 ～2006/02/26 | 内筒 F27 外筒 F12 | 23.35 | $+4.13$ | $-2.88$ | $-74.34$ | $-72.57$ |
| | 第二阶段 | 2006/07/02 ～2006/12/25 | 内筒 F78 外筒 F66 | 55.37 | $+6.77$ | $+7.23$ | $-89.37$ | $-79.52$ |

续表

| 测　点 | 阶　段 | 时　段 | 工　况 | 最大沉降（mm） | 底层最大应力（MPa） | | 顶层最大应力（MPa） | |
| --- | --- | --- | --- | --- | --- | --- | --- | --- |
| | | | | | X 方向 | Y 方向 | X 方向 | Y 方向 |
| DG6 | 第一阶段 | 2005/02/20 ～2006/02/26 | 内筒 F27 外筒 F12 | 23.35 | ＋123.01 | ＋11.33 | －61.29 (2005/07/24) | －61.18 |
| | 第二阶段 | 2006/07/02 ～2006/12/25 | 内筒 F78 外筒 F66 | 55.37 | ＋143.87 | ＋7.23 | －74.68 (2006/07/02) | －77.41 |
| DG10 | 第一阶段 | 2005/02/20 ～2006/02/26 | 内筒 F27 外筒 F12 | 23.35 | ＋23.35 | ＋41.43 | －55.71 | －60.85 |
| | 第二阶段 | 2006/07/02 ～2006/12/25 | 内筒 F78 外筒 F66 | 55.37 | ＋80.39 | ＋7.23 | －68.76 | －66.79 |
| DG11 | 第一阶段 | 2005/02/20 ～2006/02/26 | 内筒 F27 外筒 F12 | 23.35 | ＋57.48 | ＋30.35 | 失效 | －31.19 |
| | 第二阶段 | 2006/07/02 ～2006/12/25 | 内筒 F78 外筒 F66 | 55.37 | ＋138.31 | ＋7.23 | 失效 | －42.15 |

注：1. ＋表示拉应力，－表示压应力，均取该时段的最大值；

　　2. 对于 DG1、DG4 和 DG6 三个测点，是以钢筋 Y 方向排列，表中的 Y 方向与钢筋 Y 方向一致，而 X 方向是与钢筋 Y 方向垂直；

　　3. 以方框表示的三个数据，属于去伪之列。

从表 4-2 可得筏板测点 DG1、DG4、DG6、DG10 和 DG11 在第一和第二阶段钢筋应力变化轮廓：

1）筏板底层主要受拉，筏板顶层受压；

2）筏板底层的 X 和 Y 方向的拉应力相差很大，DG6 和 DG11（同为一外框筒的角点和中点，见图 4-1）拉应力高达＋143.87MPa（2006 年 7 月 2 日，恢复测试的第一天）和＋138.31MPa，随着时间推移，到 2006 年 12 月 25 日，降至 100MPa；

3）筏板顶层的 X 和 Y 方向的压应力差值很小，最大值接近 100MPa，但是，同样，随着时间推移，应力逐步下降。

总之，随着时间推移，应力在 100MPa 以内。具体的变化与发展，将在下面作进一步分析。

## 4.5　环球中心桩筏基础在 Y 钢筋方向上 6 个测点钢筋应力的分析

6 个测点 DG1、DG2、DG3、DG4、DG5 和 DG6 是沿对角斜线（Y 钢筋方向）布置，见图 4-1 和图 4-2。其标高、位置、相应厚度以及桩的长短分别为：

（1）测点 DG1～DG4 在内框筒，底板标高均为－26.89m；测点 DG1 在内框筒中心，测点 DG4 在内框筒角，测点 DG3 和 DG2 在内框筒内，其中测点 DG1、DG2 和 DG4 的厚度为 12.04m，唯独测点 DG3 在变厚度的凹处较薄。

（2）测点 DG5、DG6 在外框筒，测点 DG5 在外框筒内巨型柱上，标高为－22.15m，厚度 7.3m；测点 DG6 在外框筒角上，标高未注明，但略高于测点 DG5，厚度约为 4.5m。

这样，在对角斜线（Y 钢筋方向）布置的 6 个测点的厚度有 12.04m，7.30m，4.5m 和 2.0m；所处位置有在角点，在巨型柱和内框筒内部；桩的长度也不同；这些特点影响着钢筋应力的大小。

下面分两小节先分析施工进程为内框筒 F96、外框筒 F92 时前的筏基钢筋应力；后继续分析到竣工测试结束的筏基钢筋应力。

### 4.5.1　测点 DG1～DG4 筏基钢筋应力

2005 年 2 月 20 日的第 1 次测试开始～2007 年 7 月 16 日，相当施工进程为内框筒 F96、外框筒 F92。到测试结束，测点 DG1～DG4 的钢筋应力-时间变化曲线，分别见图 4-6～图 4-9。

（1）从图 4-6 可见，筏板底层和顶层的应力随时间的变化曲线各有类似变化，而且趋于受拉和受压的正常状态。

筏板底层的拉应力很小，以测点 DG1-Y1 例，基坑地下墙爆破前，拉应力接近于零，爆破后 2006 年 7 月～2007 年 6 月，拉应力基本保持为恒值内 10MPa，7 月间略有上升。此后一直到测试结束，DG-X1 基本为零，DG-Y1 保持在 20MPa 左右。

筏板顶层的压应力从开始直线上升，到 2005 年 7、8 月间，相当施工到 F2～F4，随后逐步下降，然后又上升，成波浪形发展。以测点 DG1-X2 为例，2005 年 7、8 月间，压力超过 90MPa，到 12 月间下降到 60MPa，基坑地下墙爆破后 2006 年 7 月上升，约为 90MPa，到 2006 年 12 月间下降，约为 60MPa。以后到 2007 年 6、7 月，又上升，接近 90MPa。这样，在三年内，三个时间相近和相应的三个压力峰值相近，反映着这种压力-时间变化呈正弦规律变化。可说明 2005 年 7、8 月间，第一次压力高峰值，相当施工进程到 F2～F4，由于结构刚度影响的结果，以后的压力随时间和建筑物加载的影响相对不大；另一方面，季节性温度对压力的影响也有规律性。这种结构刚度对基础刚度的贡献和季节性温度对应力的影响，与 20 世纪 80 年代 22 层湖北外贸中心桩箱基础[8] 和 26 层上海贸海宾馆桩筏基础[1] 的现场测试结果非常相似（图 4-4）。

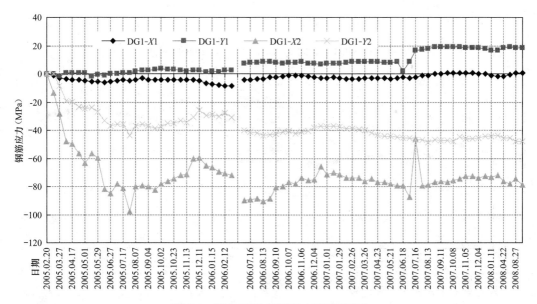

图 4-6　测点 DG1 钢筋应力随时间变化

（2）从图 4-7 可见，筏板底层和顶层的应力趋于受拉和受压的正常状态。测点 DG2 钢筋应力-时间变化曲线（图 4-7）和测点 DG1 钢筋应力-时间变化曲线（图 4-6）基本相似，顶层压力的变化规律，同样反映结构刚度贡献和季节性温度对应力的影响，只是应力有些差异，这是测点 DG2 和测点 DG1 所在的位置很接近、筏板厚度和桩的长度完全相同的结果。

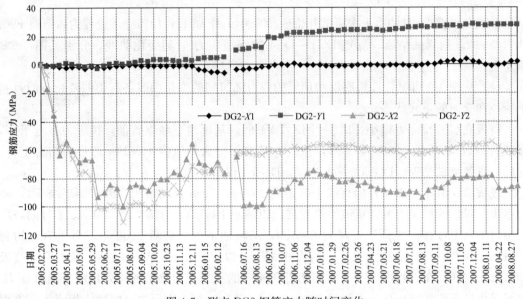

图 4-7　测点 DG2 钢筋应力随时间变化

（3）从图 4-8 可见，测点 DG3 钢筋应力-时间变化曲线与测点 DG1 和 DG2 钢筋应力-时间变化曲线迥然不同。因为测点 DG3 在内筒框内的变厚度的凹处，见图 4-2 的 A-A，其厚度较薄，尽管桩的长度与测点 DG1 和 DG2 相同。对于测点 DG3，筏板底层和顶层各自的应力-时间变化规律基本上类似。

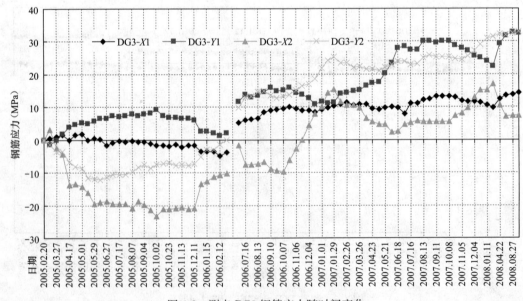

图 4-8　测点 DG3 钢筋应力随时间变化

现以顶层测点 DG3-Y2 的应力-时间变化为例说明。开始钢筋应力随时间呈直线变化，到 2005 年 6 月间，施工进程为地面上 F2～F4，压应力上升到－12MPa，压应力持续 1～2 个月基本变化不大，随后缓慢地减少，到 2006 年 2 月间暂停测试，开始由压应力转向为拉应力。2006 年 7 月恢复测试后，拉应力逐步上升，直到 2007 年 1、2 月，拉应力达 25MPa，随后又略为下降。可以说，整个测点 DG3 的应力-时间呈正弦规律上升变化。为什么筏板顶层的应力由压力状态转变为拉力状态，筏板底层的拉力也在 2006 年 7 月恢复测试后，随之上升、下降又上升？这种应力状态表明筏板的中和轴上移，已经离开整个筏板。同时也表明：测点 DG3 所在处的筏板厚度较薄，结构刚度对基础刚度的贡献非常明显，这是测点 DG3 测点区别于其他测点的应力的一个重要标志，它与长峰商场的钢筋应力随时间的变化规律类似，见图 4-5。

（4）从图 4-9 可见，测点 DG4 钢筋应力-时间变化曲线与测点 DG1 和 DG2 钢筋应力-时间变化曲线有些相同。因为测点 DG4 的筏板厚度和桩的长度与测点 DG1 和 DG2 相同，所不同的就是所处的位置与内框筒的角点。以顶层测点 DG4-X2 为例，2005 年 5 月～2005 年 12 月，其压应力-时间变化曲线与顶层测点 DG4-Y2 的压应力-时间变化曲线几乎吻合，压力同为约 70MPa。在基坑地下墙爆破后，开始逐步缓慢增加，到 2007 年 7 月，顶层测点 DG4-X2 和测点 DG4-Y2 钢筋压应力分别达到 90MPa 和 70MPa。此后随上部荷载增加，钢筋应力继续缓慢增加，至测试结束时（2008 年 9 月 16 日），底层的 DG4-X1 和 DG4-Y1 的拉应力分别为 8.6MPa 和 12.8MPa，顶层 DG4-X2 和 DG4-Y2 的压应力分别为 92.5MPa 和 77.2MPa。同样表明：DG4 的钢筋应力-时间变化曲线有波浪形发展的趋势，尽管位置为内框筒的角点，也与测点 DG1 和 DG2 的应力变化有类似之处。

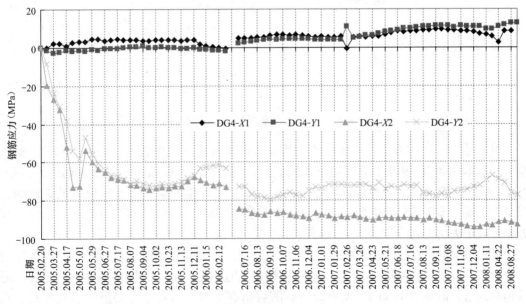

图 4-9　测点 DG4 钢筋应力随时间变化

现在对位于内框筒的测点 DG1～DG4 的应力作一简短概括：测点 DG1、DG2 和 DG4 底层的拉应力在 40MPa 以内，顶层的最大压应力为 100MPa；应力-时间变化曲线均有类似之处，反映结构刚度对基础刚度的贡献和季节性温度对应力的影响；反之，在基础厚度变化处测点 DG3 的应力变化规律有着不同的特点：应力-时间变化曲线呈波浪形增加，顶层的应力从压力转变为拉力，底层的拉力继续上升，至测试结束可达 33MPa。反映测点 DG3 所在处的筏板厚度较薄，结构刚度对基础刚度的贡献明显，筏板中和轴上移所致。

### 4.5.2 测点 DG5 和 DG6 筏基钢筋应力

测点 DG5 和测点 DG6 均在外框筒，而测点 DG5 在外框筒角内巨型柱上，标高为 $-22.15$m，厚度 7.3m；测点 DG6 标高未注明，略高于测点 DG5，厚度约为 4.5m，在外框筒角上，就是说，两个测点的筏板厚度不同。这样，与内框筒的测点 DG1～DG4 的钢筋应力应有所不同。

从 2005 年 2 月 20 日的第 1 次测试开始～2007 年 7 月 16 日期间，以及到测试结束，测点 DG5 和 DG6 的钢筋应力-时间变化曲线，分别见图 4-10 和图 4-11。

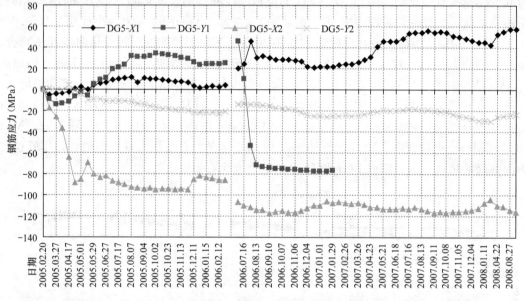

图 4-10　测点 DG5 钢筋应力随时间变化

（1）见图 4-10 可见：筏板底层的钢筋应力在基坑地下墙爆破前，测点 DG5-X1 钢筋拉应力基本在 5MPa 内变化，在地下墙爆破后，钢筋拉应力徐徐上升到约 50MPa。但是，测点 DG5-Y1 钢筋拉应力在地下墙爆破前后大不一样，地下墙爆破前拉应力最高值约为 32MPa，地下墙爆破后却由拉应力突变变为压应力 70MPa。综合分析认为这不大合理，其数据可属于去伪之列。

筏板顶层的钢筋应力在基坑地下墙爆破前，测点 DG5-X2 和测点 DG5-Y2 的钢筋压应力从测试开始不久相差达 80MPa，地下墙爆破后测点 DG5-X2 的钢筋压应力有所增加，随后稍有减增，而测点 DG5-Y2 略有减少，随后稍有增减，两者压力略呈波浪式发展。到 2007 年 7 月，前者为 20MPa，后者应力达 120MPa。因此，测点 DG5-X2 和测点 DG5-Y2 的钢筋压应力相差近 100MPa。可以认为，该测点处于外框筒角点的巨型柱内，尽管厚度为 7.3m，比之测点 DG1、DG2 和 DG4 的厚度薄 4.7m，而压应力为 120MPa，大于测点 DG1、DG2 和 DG4 的压应力是很正常很合理的。以上的比较是以测点的 X2 方向为准。不过，同一测点，两个应力计互相垂直排列，相差竟达 100MPa，因此，对测点 DG5-Y2 的数据，表示怀疑，根据综合观测 11 个测点的顶板压力的数据，其中 7 个测点，尽管应力计互相垂直排列，数据基本吻合，其余 4 个测点，差别在 40MPa 以内，小于 100MPa，因此，测点 DG5-Y2 的数据也属于去伪之列。

（2）从图 4-11 可见：筏板的底层 $X$ 和 $Y$ 方向钢筋的拉应力在测试不久时就相差很大，竟达 120MPa，$Y$ 方向钢筋始终在 10MPa 以内，但是，对外框架的另两测点 DG10 和 DG11 分析（图 4-1，图 4-16 和图 4-18）后，对测点 DG6-X1 的数据确信不疑，却对测点 DG6-Y1 的数据表示否定。

筏板的顶层 $X$ 和 $Y$ 方向钢筋的压应力从 2005 年测试开始到 2007 年 7 月，直至测试结束，变化几乎完全吻合。

从底层和顶层的 $X$ 方向的钢筋应力综合分析，两者的受力状态，即底层受拉、顶层受压，是非常正常。底层拉应力呈波浪式正弦规律变化，最高达 150MPa，与外框架测点 DG10 和 DG11 筏基钢筋应力-时间变化有类似之处。

另一方面，顶层的钢筋压应力和底层的拉应力在开始时均有直线上升的状态，同样在 2005 年 7 月间为第 1 个应力峰值，分别为 120MPa 和 70MPa。到 2007 年 7 月，拉、压应力峰值分别为 150MPa 和 80MPa，直至测试结束，拉、压应力峰值基本不变。同样表明：尽管筏板厚度只有 4.5m，位于外框筒角点，其应力值还是很正常，不过，提醒人们：当年 One Shell Plaza[1] 筏板的最大拉应力只是 110MPa，现在位于角点的拉应力为 150MPa，应引起重视。

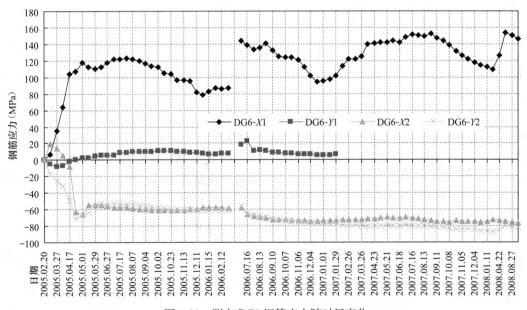

图 4-11 测点 DG6 钢筋应力随时间变化

在单独分析测点 DG1～DG6 的钢筋应力-时间变化后，从综合图图 4-12 可得到两个重要启示：

1）季节性的温度变化对筏顶及边缘的钢筋应力的影响。如表 4-3 所示，在 2005 年、2006 年和 2007 年的 7 月间钢筋应力的增减，相差不大。

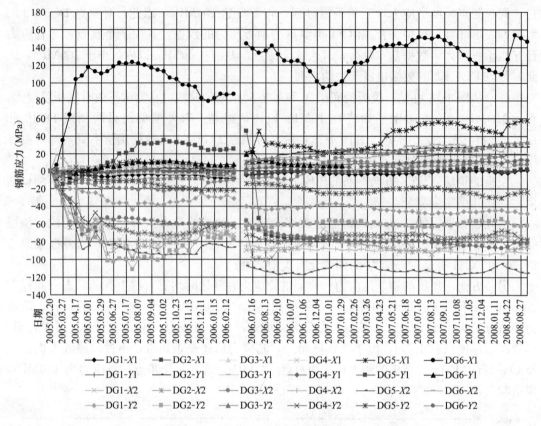

图 4-12　测点 DG1～测点 DG6 筏基钢筋应力-时间变化综合图

2）结构刚度对基础刚度贡献的影响。过了钢筋应力第 1 个高峰值（相当 2005 年 7、8 月施工到地面 F2～F4 间的进程）后，随上部结构荷载的增加，应力也有所增加，不过，总的来说，相对不是很大。

季节性的温度变化和结构刚度对基础刚度的贡献对应力的影响，早在 20 世纪 80 年代通过 22 层湖北外贸中心的桩箱基础和 26 层上海贸海宾馆的桩筏基础的现场实测结果已得到论证。由此可见，这些数据不但适用于高层建筑，而且适用于超高层建筑的桩筏（箱）基础的应力。可以认为，这是本工程的实测结果对当代超高层建筑桩筏（箱）基础的一个贡献。

**代表性季节的时间与相应的应力 DG1～DG6 比较的汇总（MPa）**　　　　表 4-3

| 测　点 | | 2005. 2. 20 | 2005. 7. 17 | 2006. 2. 26 | 2006. 7. 16 | 2007. 2. 12 | 2007. 7. 31 | 2008. 2. 14 | 2008. 8. 27 |
|---|---|---|---|---|---|---|---|---|---|
| DG1 | X1 | 0 | −4.58 | −8.61 | −4.12 | −3.39 | −1.40 | −1.96 | ＋0.91 |
| | Y1 | 0 | ＋0.70 | ＋2.53 | ＋7.86 | ＋7.82 | ＋17.29 | ＋16.5 | ＋18.63 |
| | X2 | 0 | −81.28 | −72.02 | −89.18 | −74.07 | −79.54 | −72.21 | −74.28 |
| | Y2 | 0 | −35.68 | −30.64 | −41.48 | −38.62 | −46.75 | −43.43 | −47.94 |
| DG2 | X1 | 0 | −1.06 | −5.96 | −3.77 | −1.14 | −0.88 | −1.28 | ＋2.17 |
| | Y1 | 0 | ＋0.55 | ＋4.85 | ＋10.85 | ＋23.64 | ＋26.05 | ＋27.52 | ＋27.80 |
| | X2 | 0 | −86.81 | −76.20 | −99.18 | −82.49 | −90.15 | −78.35 | −86.41 |
| | Y2 | 0 | −99.59 | −78.17 | −62.56 | −57.53 | −63.14 | −54.26 | −62.20 |

续表

| 测 点 | | 2005.2.20 | 2005.7.17 | 2006.2.26 | 2006.7.16 | 2007.2.12 | 2007.7.31 | 2008.2.14 | 2008.8.27 |
|---|---|---|---|---|---|---|---|---|---|
| DG3 | X1 | 0 | −0.45 | −3.89 | +5.98 | +10.98 | +11.05 | +9.89 | +13.85 |
| | Y1 | 0 | +7.18 | +2.08 | +13.71 | +14.06 | +27.46 | +22.31 | +32.75 |
| | X2 | 0 | −19.58 | −10.32 | −7.55 | +11.55 | +5.78 | +17.13 | +7.36 |
| | Y2 | 0 | −10.59 | −0.04 | +13.14 | −23.57 | +23.07 | +31.41 | +32.59 |
| DG4 | X1 | 0 | +4.34 | −0.32 | +5.08 | +5.64 | +8.68 | +5.78 | +8.60 |
| | Y1 | 0 | −0.45 | −1.77 | +2.89 | +4.25 | +10.63 | +9.40 | +12.85 |
| | X2 | 0 | −68.89 | −73.09 | −84.75 | −88.74 | −89.62 | −93.15 | −91.92 |
| | Y2 | 0 | −67.24 | −62.96 | −72.75 | −71.64 | −72.16 | −67.37 | −76.41 |
| DG5 | X1 | 0 | +10.22 | +4.08 | +24.32 | +23.61 | +53.97 | +42.19 | +57.25 |
| | Y1 | 0 | +20.79 | +25.10 | +10.28 | 失效 | 失效 | 失效 | 失效 |
| | X2 | 0 | −88.56 | −86.04 | −109.73 | −106.41 | −111.95 | −104.37 | −114.22 |
| | Y2 | 0 | −10.79 | −21.12 | −13.73 | −24.94 | −18.09 | −30.13 | −23.97 |
| DG6 | X1 | 0 | +121.67 | +87.02 | +138.27 | +112.92 | +150.48 | +109.34 | +150.01 |
| | Y1 | 0 | +8.32 | +7.55 | +22.11 | 失效 | 失效 | 失效 | 失效 |
| | X2 | 0 | −57.77 | −58.41 | −66.42 | −72.43 | −71.11 | −72.94 | −75.83 |
| | Y2 | 0 | −53.29 | −61.18 | −64.97 | −78.92 | −79.76 | −86.97 | −81.96 |

注：1. $X1$、$Y1$ 和 $X2$、$Y2$ 等分别表示筏板底层和顶层互相垂直的钢筋应力；
    2. ＋和－分别表示拉应力和压应力。

值得指出的是处在外框架角上的底层测点 DG6-X1 的拉应力呈波浪式发展，到 2007年 7 月间高达 150MPa，而相应的顶层的测点 DG6-Y2 的压应力接近 80MPa，到测试结束时，应力的峰值基本不变，应予引起重视。

# 4.6 环球中心桩筏基础在 $X$ 轴线上 5 个测点钢筋应力的分析

测点 DG1、DG7、DG8、DG9 和 DG10 是沿 $X$ 轴左边布置，见图 4-1 和图 4-2。其标高、位置、相应厚度以及桩的长短分别为：

(1) 测点 DG7、DG8 在内筒上，相隔不远，底板标高均为−26.89m，厚度 12.04m，桩长相同。

(2) 测点 DG9、DG10 分别在内外框筒间及外框筒下面，标高均为−22.15m，厚度同为 4.0m，但测点 DG9 处在厚度变化的地方，桩长相同。

这样，在 $X$ 轴左边的 5 个测点（包括核心 DG1）的厚度有两种，12.04m 和 4.0m；所处位置在内外框筒上和外框筒旁；这些特点影响着钢筋应力的不同。

同样，本节分两小节先分析施工进程为内框筒 F96、外框筒 F92 时前的筏基钢筋应力，后分析竣工后的应力。

## 4.6.1 测点 DG7、DG8 筏基钢筋应力

测点 DG7、DG8 所处位置均在内框筒上，相隔很近。

从 2005 年 2 月 20 的第 1 次测试开始，测点 DG7、DG8 的钢筋应力-时间变化曲线，分别见图 4-13 和图 4-14。

（1）从图 4-13 可见，筏板的底层和顶层的应力趋于受拉和受压的正常状态。

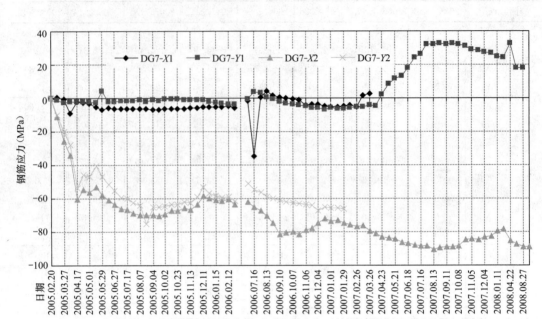

图 4-13　测点 DG7 钢筋应力随时间变化

筏板的底层测点 DG7 钢筋应力从开始不久基本上全为压应力，在 5MPa 内，但在持续两年后的 2007 年 5 月起才出现拉力，其中测点 DG7-Y1 拉应力直线上升达 30MPa 以上，此后略有下降，至测试结束时为 17MPa。DG7-X1 在 2007 年 3 月间失效，未能对 DG7-Y1 应力进行验证。

筏板的顶层测点 DG7-X2 和 Y2 钢筋应力全为压力，且逐步增加，在 2005 年 8、9 月间，DG7-Y2 出现第一个压应力高峰值为 70MPa。现以测点 DG7-X2 为例，应力-时间的变化呈波浪形发展，2007 年 7 月压应力上升到 90MPa。此后，受大气温度影响略有波动，测试结束时为 89MPa。

（2）从图 4-14 可见，类似 DG7，筏板的底层和顶层的应力趋于受拉和受压的正常状态。

底层测点 DG8 钢筋应力在基坑地下墙爆破前，应力变化不大。爆破后，其中 DG8-X1 从压应力变为拉应力，且上升到近 40MPa，到 2007 年 7 月，下降为 34MPa。此后，基本保持稳定，2007 年 12 月 17 日～2008 年 1 月 1 日突然增至 98kPa，似不合理。2007 年 1 月底测点 DG8-Y1 失效，无法进一步验证。

顶层测点 DG8 钢筋应力与 DG7 非常相似，全为压力，且逐步增加，在 2005 年 8、9 月间，出现第 1 个压应力高峰值，高达 100MPa，测点 DG8-X2 和测点 DG8-Y2 几乎吻合地呈波浪形发展。以测点 DG8-X2 为例，应力-时间的变化呈波浪形发展，2007 年 7 月压应力上升超过 110MPa，2008 年 8 月为 115MPa。

就是说，测点 DG7 和 DG8 的钢筋应力随时间变化很类似，但测点 DG8 的钢筋压应力比测点 DG7 的大些（前者接近 120MPa，后者 90MPa）。

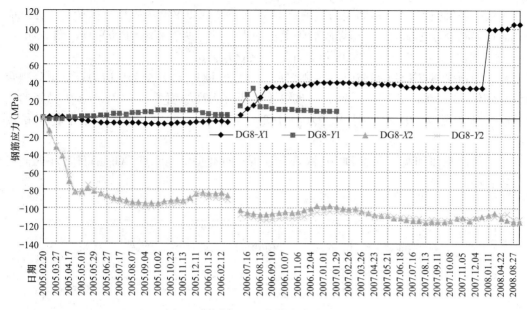

图 4-14　测点 DG8 钢筋应力随时间变化

### 4.6.2　测点 DG9、DG10 筏基钢筋应力

测点 DG10 和 DG9 分别在外框筒上和内外框筒之间而靠近外框筒，两者同一标高为 −18.85m，厚度同为 4m。但测点 DG9 处在厚度变化的地方，应力将有所差异。

2005 年 2 月 20 日的第 1 次测试开始，测点 DG9、DG10 的钢筋应力-时间变化曲线分别见图 4-15 图 4-16。

（1）从图 4-15 可见，筏板的底层和顶层的应力趋于受拉和受压的正常状态。

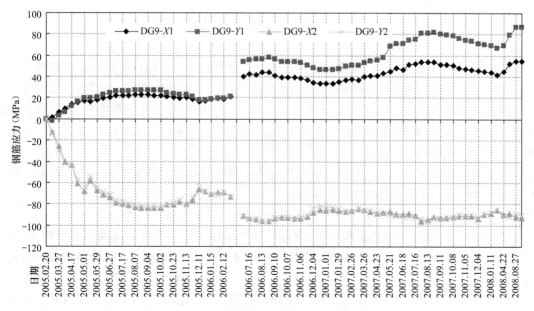

图 4-15　测点 DG9 钢筋应力随时间变化

筏板的底层测点 DG9 钢筋应力（测点 DG9-X1 和 DG9-Y1），从开始基本上全为压应力，而且很吻合，在基坑地下墙爆破后仍呈波浪形上升，两者相差约 20MPa，到 2007 年 7 月，最大拉应力达 80MPa，2008 年 8 月最大拉应力达 87kPa。

筏板的顶层测点 DG9 钢筋应力（测点 DG9-X2 和 DG9-Y2）全为压应力，且十分吻合地缓慢变化，在 2005 年 7、8 月间，出现第 1 个压应力高峰值为 80MPa，应力-时间的变化呈波浪形发展，2007 年 7 月压应力上升接近 100MPa。此后，压应力基本保持稳定状态。

（2）从图 4-16 可见，测点 DG10 钢筋应力-时间变化曲线与测点 DG9 钢筋应力-时间变化曲线有相似之处。

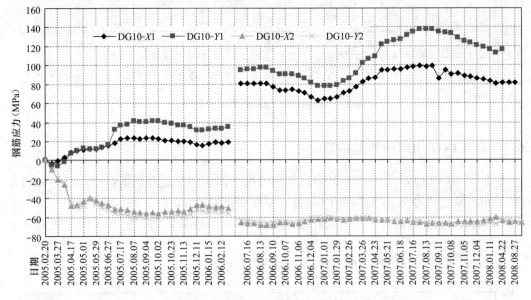

图 4-16　测点 DG10 钢筋应力随时间变化

筏板的底层测点 DG10 钢筋应力从开始基本上全为压应力，而且很吻合，随即均呈波浪形发展，只是在基坑地下墙爆破后急促地上升，增值为 60MPa，即：分别从 20MPa 上升 80MPa，从 40MPa 上升 100MPa，到 2007 年 7 月，DG10-X2 拉应力高达 140MPa，应予引起重视。此后 DG10-X2 拉应力线性下降，2008 年 4 月降为 120MPa，随后，该测试元件失效。

筏板的顶层测点 DG10 钢筋应力全为压应力，且十分吻合地缓慢变化，在 2005 年 8、9 月间，出现第 1 个压应力高峰值为 60MPa，应力-时间的变化呈波浪形发展，2007 年 7 月压应力略超过 60MPa。此后压应力基本保持稳定状态。

从对图 4-15 和图 4-16 的分析可见，测点 DG9 和 DG10 的应力-时间曲线发展很类似，不同之处在于应力的大小。底层的拉应力，测点 DG9 最大为 80MPa，而测点 DG10 最大为 140MPa；顶层的压应力，测点 DG9 最大接近 100MPa，测点 DG10 最大超过 60MPa。

单独分析测点 DG7～DG10 钢筋应力-时间变化后，可从综合图图 4-17 得到两个重要启示，这两个启示与测点 DG1～DG6 很有相同之处，只是数据有所差异。

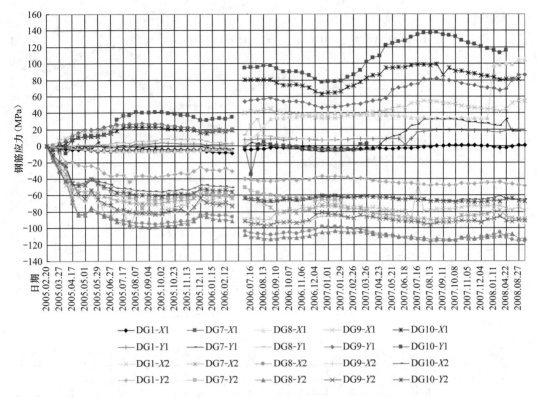

图 4-17 测点 DG1、DG7～DG10 筏基钢筋应力-时间变化综合图

## 4.7 环球中心桩筏基础在 Y 轴线上 2 个测点钢筋应力的分析

测点 DG1 已如前述（图 4-6），这里仅对测点 DG11 的钢筋应力进行分析。测点 DG11 位于 Y 轴外框筒上，和 X 轴外框筒上的测点 DG10 离核心测点 DG1 距离相同，标高也一样，均为 −22.15m，厚度同为 4.0m，桩长相同，只不过所在轴线不同而已。

测点 DG11 钢筋应力-时间变化曲线见图 4-18，将其与图 4-16 的测点 DG10 钢筋应力-时间变化作一对比。不难发现，两者变化规律几乎相同，底层测点 DG10-Y1 和 DG11-Y1 钢筋拉应力同为 140MPa，所不同的是底层测点 DG10-X1 和测点 DG11-X1 的钢筋拉应力分别 100MPa 和 180MPa。为什么 Y 轴的外框筒 DG11-X1 钢筋拉应力比 X 轴的外框筒 DG10-X1 高达 80MPa 呢（图 4-19）？难道是整个大楼向西有微小的倾斜之故吗？当检查第 2 章土压力相应测点 TY9 和 TY7 的土压力以及第 3 章桩顶反力相应测点 Z12 和 Z9 的桩顶反力时，结果均是一样，因此，可以认为，整个大楼会有向西微小的倾斜。同样说明测试元件的质量十分可靠。

同时，顶层测点 DG10-X2、DG10-Y2 的应力-时间变化曲线十分吻合，压力略大 60MPa，而测点 DG11-X2、DG11-Y2 的应力-时间变化曲线也吻合，压力略大 40MPa，相反，X 轴的比 Y 轴的大 20MPa，而两者的压力还是比较接近。

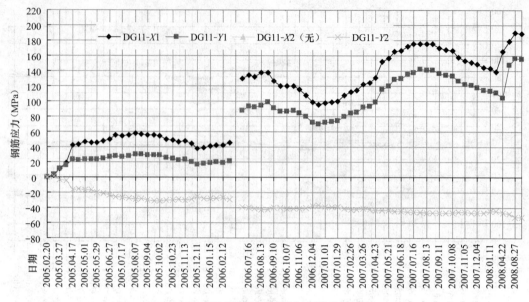

图 4-18  测点 DG11 钢筋应力随时间变化

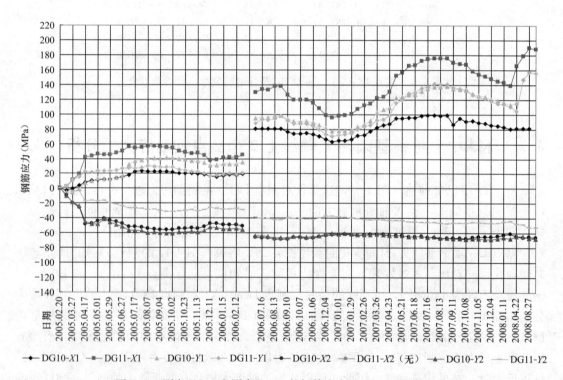

图 4-19  测点 DG10 和测点 DG11 的钢筋应力随时间变化的对比图

在单独分析测点 DG7～DG11 的钢筋应力-时间变化后，与前面测点 DG1～DG6 的分析类同，可从综合图图 4-20 得到两个重要启示：

（1）季节性温度的变化对筏顶及边缘的钢筋应力的影响。如表 4-4 所示，在 2005 年、2006 年和 2007 年的 7 月间钢筋应力的增减，相差不大。

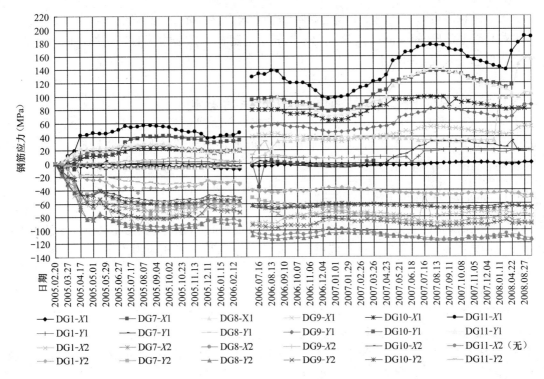

图 4-20　测点 DG1、DG7～DG11 筏基钢筋应力-时间变化综合图

**代表性季节的时间与相应的应力测点 DG7～DG11 比较的汇总（MPa）**　　　表 4-4

| 测　点 | | 2005.2.20 | 2005.7.17 | 2006.2.26 | 2006.7.16 | 2007.2.12 | 2007.7.31 | 2008.2.14 | 2008.8.27 |
|---|---|---|---|---|---|---|---|---|---|
| DG7 | X1 | 0 | −6.33 | −5.66 | −34.97 | −4.21 | 失效 | 失效 | 失效 |
| | Y1 | 0 | −1.46 | −3.75 | +3.74 | −5.98 | +32.15 | +24.18 | +17.72 |
| | X2 | 0 | −66.98 | −63.53 | −65.29 | −76.04 | −88.38 | −78.55 | −88.71 |
| | Y2 | 0 | −60.26 | −61.71 | −54.52 | 失效 | 失效 | 失效 | 失效 |
| DG8 | X1 | 0 | −5.78 | −4.28 | +9.55 | +39.18 | +33.92 | 失效 | 失效 |
| | Y1 | 0 | +3.72 | +2.80 | +25.57 | 失效 | 失效 | 失效 | 失效 |
| | X2 | 0 | −90.62 | −86.01 | −105.77 | −100.72 | −115.09 | −105.50 | −115.72 |
| | Y2 | 0 | −93.57 | −91.50 | −110.08 | −104.78 | −112.19 | −109.65 | −112.59 |
| DG9 | X1 | 0 | +21.89 | +20.80 | +42.30 | +36.55 | +54.37 | +42.07 | +54.84 |
| | Y1 | 0 | +25.89 | +20.98 | +55.53 | +49.52 | +80.86 | +67.20 | +86.54 |
| | X2 | 0 | −80.00 | −72.92 | −93.53 | −87.51 | −96.60 | −85.61 | −92.32 |
| | Y2 | 0 | −77.77 | −73.55 | −94.19 | −87.25 | −93.86 | −85.46 | −89.87 |
| DG10 | X1 | 0 | +22.46 | +19.41 | +80.39 | +71.13 | +98.95 | +80.58 | +81.25 |
| | Y1 | 0 | +36.80 | +35.30 | +95.78 | +83.22 | +137.49 | +112.87 | 失效 |
| | X2 | 0 | −51.17 | −50.87 | −66.81 | −63.38 | −65.82 | −60.43 | −64.76 |
| | Y2 | 0 | −56.22 | −55.81 | −64.09 | −62.23 | −65.12 | −67.30 | −66.65 |
| DG11 | X1 | 0 | +54.73 | +45.78 | +134.00 | +107.27 | +176.05 | +139.29 | +189.60 |
| | Y1 | 0 | +27.18 | +21.08 | +93.20 | +79.83 | +141.71 | +110.68 | +157.09 |
| | X2 | 0 | 缺失 | 缺失 | 缺失 | 缺失 | 缺失 | 缺失 | 缺失 |
| | Y2 | 0 | −26.43 | −29.14 | −40.48 | −40.70 | −45.98 | −44.16 | −52.68 |

　　注：1. X1、Y1 和 X2、Y2 等分别表示筏板底层和顶层互相垂直的钢筋应力；+和一分别表示拉应力和压应力；
　　　　2. DG7-X1 在 2006 年 7 月 16 日数据异常。

（2）结构刚度对基础刚度贡献的影响。过了钢筋应力第 1 个高峰值（相当 2005 年 7～8 月施工到地面 F2～F4 间的进程）后，钢筋应力随着上部结构荷载的增加，应力也有所增加，但总的来说，相对不大。

## 4.8  环球中心桩筏基础钢筋应力的综合分析

下面分别综合分析本工程筏板钢筋应力-时间变化曲线的特点、影响钢筋应力大小的因素和结构刚度对基础刚度的贡献。

### 4.8.1  钢筋应力-时间变化曲线的特点

综合上面 11 个测点的钢筋应力的分析，可看出钢筋应力随时间变化具有以下的特点：

1）在整个施工过程中，筏板底层以拉应力为主，顶层以压应力为主，二者随时间变化的规律不同（测点 DG3 的筏厚度较薄除外）。

对于筏板底层的钢筋应力，从测试到爆破前的 2006 年 2 月 12 日（相当施工进程为内筒 F27，外筒 F12）的 1 年中，大多数测点 DG1、DG2、DG3、DG4、DG5-X1、DG6-Y1、DG7、DG8 的拉、压应力很小，处在 $\leqslant \pm 10$MPa 以内；少数测点 DG5-Y1、DG9、DG10、DG11 的压力在 30～60MPa 之间，只有测点 DG6-X1，拉力高达 120MPa，经论证，该数据是对的。

恢复测试后的 2006 年 7 月 16 日（相当施工进程为内筒 F54，外筒 F38）应力普遍增大，到 2007 年 7 月 16 日（相当施工进程为内筒 F96，外筒 F92）也是 1 年中，大多数测点 DG1、DG2、DG3、DG4、DG5-X1（DG5-Y1 失常）和测点 DG6-Y1、DG7、DG8 的拉、压应力很小，处在 $\leqslant \pm 55$MPa 以内；少数测点 DG6-X1、DG9、DG10、DG11 的拉力在 40～180MPa 之间变化，而且，应力随时间波浪形上升，呈正弦规律性变化，这些测点在外框架上，拉力大是正常的。相反，其中有的属于去伪之列。

对于筏板顶层的钢筋应力，从测试到爆破前（2006 年 2 月 12 日）的 1 年中，测点 DG1～DG11 的压力均呈波浪形、正弦规律性变化，其中 7 个测点的压力随时间变化基本吻合。峰值最大为 115MPa，有关数据的变化基本正常可信。

恢复测试后的 2006 年 7 月 16 日（相当施工进程为内筒 F54，外筒 F38）应力普遍增大，到 2007 年 7 月 16 日（相当施工进程为内筒 F96，外筒 F92）也是 1 年中，测点 DG1～DG11，与爆破前类似，测点 DG1～DG11 的压力随时间呈波浪形、正弦规律性变化，其中 5 个测点的压力随时间变化基本吻合。峰值最大为 118MPa，有关数据的变化基本正常可信。

至于测点 DG3，位置处于筏板厚度突变的部位（图 4-1 和图 4-2），厚度较薄，受结构刚度对基础刚度贡献的影响，从测试开始到 2007 年 7 月，应力随时间呈波浪形、正弦规律性变化，顶板应力从压力逐步减小并转变为拉力，到测试结束时，应力仍然很小。

2）2006 年 2 月 26 日以后的地下墙爆破作用，使得地基土受到震动，强度降低，从而使筏板的挠度增大。从 2006 年 2 月 26 日和 2006 年 7 月 2 日的数据对比可见，地下墙爆破后顶板的压应力增大，底板的拉应力也增大。但测点的位置不同，应力值的增量不同，内筒应力增量不超过 20MPa，外筒应力值的增量显著高于内筒，如测点 DG11 增量可达

80MPa。底层测点 DG6、DG9、DG10、DG11 的拉应力增量均较大，呈波浪形增长，到 2007 年 7 月拉应力高达 140～180MPa，测试结束时，应力峰值基本变化不大。

3）外框筒两边的中点 DG10 和 DG11 的拉应力之所以有差别，是整个大楼向西有微小倾斜之故。

### 4.8.2 影响钢筋应力大小的因素

影响筏板的测点钢筋应力有许多因素：位置、筏板厚度、温度、基坑地下墙爆破、桩的长短、结构刚度和钢筋排列方向（$X$、$Y$），而且，这些因素可能互相交织影响。下面论述其主要因素及相关因素的影响：

1）测点所在位置

测点所在位置的不同（图 4-1 和图 4-2），对钢筋应力的影响最大，见表 4-5。下面仅论述三点：

筏板钢筋最大应力汇总 表 4-5

| 位 置 | | 测点 | 筏板厚度 (m) | 最大压应力 (MPa) | 最大拉应力 (MPa) | 说 明 |
|---|---|---|---|---|---|---|
| 核心筒内 | 中心 | DG1 | 12.04 | 100 | 20 | |
| | | DG2 | 12.04 | 110 | 25 | 在 $Y$ 钢筋方向 |
| | 巨型柱 | DG3 | 2.00 | 20 | 30 | 在 $Y$ 钢筋方向 |
| 内框筒 | 角点 | DG4 | 12.04 | 90 | 10 | 在 $Y$ 钢筋方向 |
| | 中点 | DG7 | 12.04 | 90 | 30 | 在 $X$ 轴方向 |
| | 边中点旁 | DG8 | 12.04 | 110 | 30 | 在 $X$ 轴方向 |
| 内外框筒间 | 巨型柱 | DG5 | 7.30 | 120 | 50 | 在 $Y$ 钢筋方向 |
| | | DG9 | 4.00 | 100 | 80 | 在 $X$ 轴方向 |
| 外框筒 | 角点 | DG6 | 4.50 | 80 | 150 | 在 $Y$ 钢筋方向 |
| | 中点 | DG10 | 4.00 | 65 | 140 | 在 $X$ 轴方向 |
| | 中点 | DG11 | 4.00 | 45 | 180 | 在 $Y$ 轴方向 |

注：表中数据取整数，便于判断。

a. 核心中心测点 DG1，一般承受筏板的最大弯矩，但是，所处位置的筏厚最大为 12.04m，筏板的刚度最大，同时，受到基坑最大回弹引起的倒拱的影响（第 7 章结论部分），因此，该处顶板测点 DG1 的钢筋最大压应力仅为 100MPa。

b. 内、外框筒上的测点 DG3 和 DG5，均位于框筒的巨型柱上，但厚度不同，前者 2m，后者 7.30m，前者受到结构刚度影响很大，应力发生符号的质变，应力低，在 30MPa 以内，而测点 DG5 的压应力高达 120MPa。

c. 对于处在外筒的测点 DG6、DG10 和 DG11 的应力显然不同，底层的最大拉应力均在 140～180MPa 之间；顶层的压应力分别为 80MPa、65MPa 和 45MPa。可以认为，该地方筏板的中和轴有向上移动的趋势，同时，大楼有向西的微小倾斜。

2）筏板厚度

测点 DG1、DG2、DG4、DG7 和 DG8 的筏板厚度一样，均为 12.04m，因此，不论测点所处的位置在内部、角点和框筒的边中点上，其顶层的最大压应力相差不大，分别为 100MPa、110MPa、90MPa、90MPa 和 110MPa。如上所述，在外框筒内的巨型柱上的测点 DG5，筏厚 7.30m，也能控制压应力为 120MPa，由此可知，筏板厚度是控制钢筋应力的一个重要因素。

这里要特别指出：这些筏厚为 12.04m 的测点的底层拉应力均在 30MPa 左右。而筏厚 7.30m 的 DG5，拉应力可控制在 50MPa。

另外一个很重要的问题，在外框筒的测点 DG6、DG10 和 DG11 的筏厚为 4.00～4.50m，而钢筋拉应力却达 140～180MPa，这样大的拉应力应引起设计者的高度重视。

3）季节性温度的影响

从表 4-3 和表 4-4 的汇总数据可见，在 2005 年、2006 年和 2007 年 7 月间的应力的增减，相差不大。以两表中的顶层的测点 DG1-X2～DG11-X2 压应力的数据变化最为明显，到 2007 年 7 月间的应力，比之前两段时间的应力最大相差 20％左右。

4）基坑地下墙爆破的影响

从测点 DG1～DG11 钢筋应力-时间变化曲线在地下墙爆破前后（2006 年 2 月～2006 年 7 月）的连接断口可见，基坑地下墙爆破对钢筋应力基本上没有多大影响。

### 4.8.3 从钢筋应力随时间变化的规律分析结构刚度的贡献

从图 4-12 与图 4-17 的钢筋应力-时间变化规律可见，2005 年 7、8 月是钢筋应力的第 1 个高峰值，第 2 个钢筋应力高峰值也是 2006 年 7、8 月间，第 3 个钢筋应力高峰值在 2007 年 7、8 月间，三个钢筋应力高峰值有所差异，第 3 个高峰值比之前的最大达约 20％（只在外框架边的中点 DG10 和 DG11）。而第 1 钢筋应力值出现在 2005 年 7、8 月间，相当于建筑进程为地面上 F2～F4（也有 2005 年 8、9 月间，相当于建筑进程为地面上 F4～F6），此时，基本上是自重应力阶段。同样，从另一角度反映钢筋应力-时间变化的规律，见图 4-21～图 4-24，一方面说明结构刚度贡献对应力的影响，也说明结构贡献的有限性；另一方面，刚度贡献的转折点明显反映在相当于自重应力阶段。由此可见，一般高层建筑的刚度贡献理论，可适用于超高层建筑。

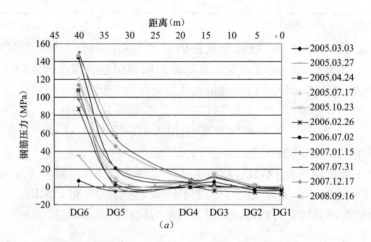

图 4-21　筏底对角线测点 DG1～DG6 断面钢筋应力-时间变化综合图（一）

（*a*）筏底对角线 *X*1 向

（DG5 的 *Y*1 数据异常，视作无效）

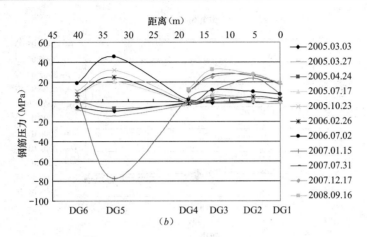

图 4-21 筏底对角线测点 DG1～DG6 断面钢筋应力-时间变化综合图（二）

（b）筏底对角线 Y1 向

（DG5 的 Y1 数据异常，视作无效）

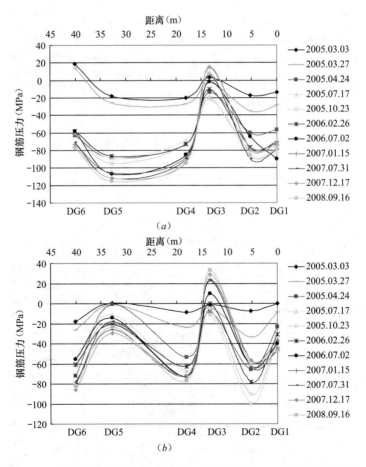

图 4-22 筏顶对角线测点 DG1～DG6 断面钢筋应力-时间变化综合图

（a）筏顶对角线 X2 向；（b）筏顶对角线 Y2 向

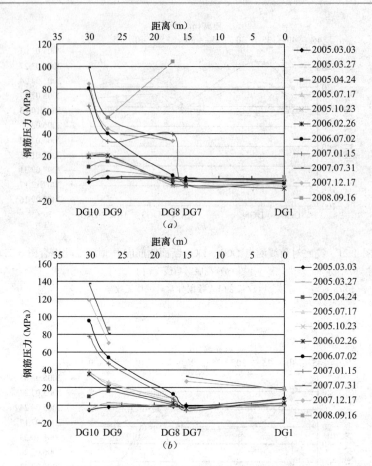

图 4-23 筏底 *B-B*（*X*轴）测点 DG1、测点 DG7～DG10 断面钢筋应力-时间变化综合图

(*a*) 筏底 *B-B*（*X*轴）X1；(*b*) 筏底 *B-B*（*X*轴）Y1

（DG8-X1 在 2008 年 1 月以后数据异常，视为无效）

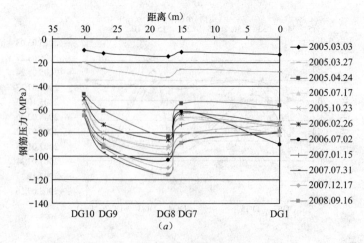

图 4-24 筏顶 *B-B*（*X*轴）测点 DG1，测点 DG7～DG10 断面钢筋应力-时间变化综合图（一）

(*a*) 筏顶 *B-B*（*X*轴）X2

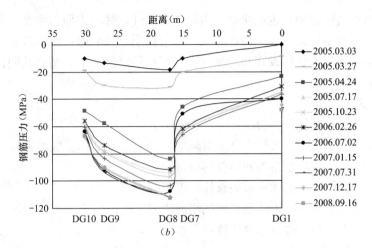

图 4-24　筏顶 *B-B*（*X* 轴）测点 DG1，测点 DG7～DG10 断面钢筋应力-时间变化综合图（二）

(*b*) 筏顶 *B-B*（*X* 轴）Y2

由此可见，温度影响钢筋应力的规律（表 4-3 与表 4-4）与结构刚度贡献两者密切相关，互相验证。

## 4.9　结论

以上主要讨论上海高层和超高层建筑的箱形基础和桩筏（箱）基础的钢筋应力，结合本工程的具体情况，进行深入研究，可得如下的主要结论：

（1）测点所在位置、筏厚和桩长对钢筋应力的影响

大家所关注的问题就是筏板会不会因浇筑 40000m³ 的混凝土而引起裂缝（该问题采用聚羧酸系外加剂配制的低水化热、低收缩大体积混凝土，内部最高温度控制在 67.1℃，收缩量为 $295.7 \times 10^{-6}$）或者在施工过程中钢筋应力会不会引起裂缝。

根据 44 个钢筋应力计的实测结果，汇总 DG1～DG11 钢筋最大应力如表 4-5 所示。从表 4-5、图 4-1 和图 4-2 可见：最大钢筋应力发生在外框筒角点上和外框筒边中点上，即测点 DG6、DG10 和 DG11 的钢筋拉应力分别达 150MPa、140MPa 和 180MPa，其次，外框筒巨型柱上的测点 DG5 的钢筋压应力达 －120MPa，应予引起高度重视。这种情况和 OneShell Plaza 的厚筏钢筋实测结果十分相似（在刚性筒体边缘处，钢筋应力的最大值达 110MPa）。另一方面，位于核心筒内的巨型柱上的测点 DG3，由于在变断面处，筏板厚度只有 2m，不但顶、底层压、拉钢筋应力在 30MPa 以内，而且，受到结构刚度贡献的影响，应力符号也改变，底、顶板均为拉应力。这种应力状态表明筏板的中和轴上移，已经离开整个筏板。这是测点 DG3 区别于其他测点的应力的一个重要标志，它与长峰商场的钢筋应力随时间的变化规律类似，见图 4-5。

（2）结构刚度贡献的影响

从钢筋应力-时间变化接近正弦规律可见，出现三个钢筋应力高峰值（4.8.3 节）。第 1 钢筋应力值出现在 2005 年 7、8 月间，相当于建筑进程为地面上 F2～F4（也有 2005 年 8、9 月间，相当于建筑进程为地面上 F4～F6），此时，基本上是自重应力阶段。一方面说明

结构刚度贡献对应力的影响，也说明结构贡献的有限性，另一方面，刚度贡献的转折点明显地反映在相当于自重应力阶段。由此可见，一般高层建筑的刚度贡献理论，可适用于超高层建筑，这是一个很重要的发现和验证。即采用高层建筑与地基基础共同作用相应如下的公式和方法：

1）计算公式

$$([K'_B]+[K_r]+[K_{ps}])\{U_B\} = \{S_B\}+\{P_r\}$$

式中　$[K'_B]$ 和 $\{S_B\}$——上部结构刚度贡献层数和地下室结构层数凝聚后的等效边界刚度矩阵和荷载列向量；

　　　　　$[K_r]$——基础底板的整体刚度矩阵；

　　　　　$[K_{ps}]$——桩土体系共同作用的刚度矩阵；

　　　　　$\{U_B\}$——等效边界位移列向量；

　　　　　$\{P_r\}$——基础底板本身所受的节点力列向量。

求解该方程可得 $\{U_B\}$，然后采用反代法求桩筏基础的沉降、筏板弯矩和桩顶反力等。需要指出：关于结构刚度的贡献层数的确定，如上所述，除了地下室层数外还加上地面 F4。为安全起见，可考虑方程式左边 $[K'_B]$ 的层数减 1 层，而右边 $\{S_B\}$ 的层数加 1 层的荷载。这个方程式主要解决筏板的设计问题。

2）通常的设计方法

按照土的自重应力阶段的相应层数和荷载设计筏板问题，为安全起见，计算结果乘以一个补偿安全系数，例如，1.2～1.3。因为过了自重应力阶段，筏板的钢筋应力可能会比自重应力阶段增长 20%。这是针对筏板的钢筋应力而言。

以上两种方法可以互相验证，以获得最佳的设计，在钢筋应力较大部位，适当加大配筋，防止混凝土开裂。

（3）温度变化的影响

钢筋应力-时间呈波浪形变化，基本上符合正弦变化规律。每年钢筋应力的峰、底值也基本上出现在相近的月份。超高层建筑的温度变化的影响规律也验证一般高层建筑的钢筋应力-温度变化规律。

由此可见，温度影响钢筋应力的规律与结构刚度贡献两者密切相关，互相验证。本部分的钢筋应力说明结构刚度对基础刚度的影响、结构刚度的形成的时间（包括相应的施工进程），见图 4-12、图 4-17 和图 4-20，同时也验证第 2 章 2.7.3 节和第 3 章 3.7.3 节的内容，为桩筏基础设计提出一个改革方向。

（4）有待进一步研究的一些问题

一般来说，钢筋应力随时间的变化规律与陕西邮电网管大楼[5]类似，底层受拉，顶层受压；但对于断面处厚度变化的筏基（测点 DG3），钢筋应力随时间的变化规律却与上海长峰商场[6]类似，2005 年 6、7 月间顶层压力基本不变，随后减少，上升变为拉力，这种应力状态表明筏板的中和轴上移。但是从图 4-2 可见，DG3 的顶部测点在筏厚一半以下。假定中和轴在筏厚一半处，即使中和轴不上移，DG3 在顶部的位置，也应表现为拉应力。

此外，测点 DG1、DG2、DG4、DG6-Y1、DG7 和 DG8 的底层（在内筒内）拉应力很小，在 40MPa 以内，这是一个很重要的特征。可以认为，是内筒 12m 厚、刚度大的原因。

在文献 [6] 提出的共同作用理论的筏板钢筋应力计算公式，以及如何结合基础沉降的剖面形状即倒锅形——近似水平线形——正锅形的转变过程进行分析，是一个非常重要研究课题，也是相应的共同作用理论课题，具体的计算分析可参见第 7 章第 7.74（二）的论述。

总之，环球中心桩筏基础钢筋应力的数据、结论以及提出进一步研究的课题，将对桩筏基础设计改革指出一个明确方向。

## 参 考 文 献

［1］ J. A. Jr. Focht，F. R. Khan and J. P. Gemeinhardt. Performance of One Shell Plaza Deep Mat Foundation，J. Geotechnical Engg. Div.，V. 104，GT5，1978，593～608.

［2］ 赵锡宏等著. 上海高层建筑桩筏和桩箱基础设计理论. 上海：同济大学出版社，1989.

［3］ 张问清，赵锡宏，殷永安，钱宇平. 上海四幢高层建筑箱形基础测试的综合研究. 岩土工程学报，1980（1）：12～26.

［4］ 陈卫，赵锡宏. 高层建筑与地基基础共同作用的上部结构刚度影响［J］. 建筑结构，2009，39（8）：99-102.

［5］ 齐良锋. 高层建筑桩筏基础共同工作原位测试及理论分析［D］. 西安：西安建筑科技大学，2002.

［6］ Dai Biaobin，Ai Zhiyong，Zhao Xihong，Fan Qingguo and Deng Wenlong. Field Experimental Studies on Super-tall Building，Super-long Pile & Super-thick Raft Foundation in Shanghai. 岩土工程学报，2008（3）.

［7］ 张关林，石礼文. 金茂大厦——决策、设计、施工. 北京：中国建筑工业出版社，2000.

［8］ 何颐华，金宝森，王秀珍，雷克木. 高层建筑箱型基础加摩擦桩的研究. 中国建筑科学研究院地基所，1987.

［9］ 赵锡宏，陈至明，胡中雄，等. 高层建筑深基坑围护工程实践与分析. 上海：同济大学出版社，1996.

# 5　上海环球金融中心筏板混凝土应力分析

本章的筏板混凝土应力的分析，只是根据混凝土应变计测得的数据进行整理与分析，测得混凝土的拉、压应力分别在 6.0MPa 和 5.0MPa 以内（DH5-X1 后期数据增至约 10.5MPa）。测得的混凝土应力难于与第 4 章相应位置钢筋应变计测得的钢筋应力进行比较。

## 5.1　引言

作为检验第 4 章的桩筏基础钢筋应力一个补充测试，在 Y 钢筋方向上与钢筋应力相应的几个位置埋设 3 个混凝土应力测点，并埋设 2 个温度测点；在 X 轴方向上与钢筋应力相应的几个测点位置埋设 2 个混凝土应力测点。尽管混凝土应力与时间变化有一定的规律性，但把混凝土应力和钢筋应力折成弹性模量比，换算后的钢筋应力与钢筋应变计测得的钢筋应力对比，两者相差较大，难于检验，仅作为一个资料分析，供借鉴而已。

## 5.2　环球中心桩筏基础混凝土应力测试的布置概况

作为检验桩筏基础钢筋应力一个补充测试，在 Y 钢筋方向上，与钢筋应力测点相应的几个测试位置埋设 3 个混凝土应力测点，在每个测点的筏板底层和顶层各埋设 2 个互相垂直的混凝土应变计，即每个测点共埋设 4 个混凝土应变计；并且，在 Y 钢筋方向上埋设 2 个温度测点；在 X 轴方向上与钢筋应力相应的几个测位置埋设 2 个混凝土应力测点，同样，在每个测点的筏板底层和顶层各埋设 2 个互相垂直的混凝土应变计，即每个测点共埋设 4 个混凝土应变计，因此，总共埋设 20 个混凝土应变计，4 个温度计，见图 5-1 和图 5-2。

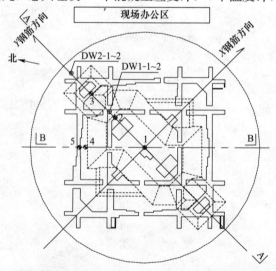

图 5-1　筏板混凝土应变计的平面布置（图中的圆形为围护结构）

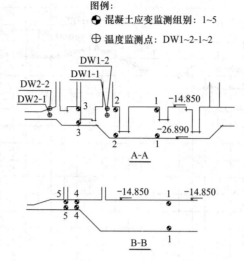

图 5-2　筏板混凝土应变计的布置剖面

## 5.3　环球中心桩筏基础在 Y 钢筋方向上 3 个测点混凝土应力的分析

3 个测点 DH1、DH2 和 DH3 是沿对角斜线（Y 钢筋方向）布置，见图 5-1 和图 5-2。其标高、位置、相应厚度以及桩的长短为：

（1）测点 DH1 和 DH2 在内筒，底板标高均为 −26.89m；测点 DH1 在内筒中心，测点 DH2 在内筒角，筏板厚度同为 12.04m，DH2 在离核心方向不远有变厚度的梁凹处。

（2）DH3 在外框角的巨型柱上，标高为 −22.15m，厚度 7.30m。

这样，在对角斜线（Y 钢筋方向）布置的 3 个测点，有 12.04m 和 7.30m 两种厚度；所处位置在内筒核心、内筒角点和在外框筒的巨型柱上；桩的长度相同；这些特点影响着混凝土应力的不同。因此，在分析筏板混凝土应力前，要明确设计的特点。

### 5.3.1　筏板测点 DH1 混凝土应力的分析

从 2005 年 2 月 20 日第 1 次测试到 2007 年 7 月间，历时 2 年余，相当施工进程为内框筒 F96，外框筒 F92。2007 年 9 月 14 日～12 月，大楼结构封顶。测点 DH1 的混凝土应力-时间变化曲线见图 5-3。

从筏板 DH1 混凝土应力-时间变化曲线（图 5-3）可见，筏板底层和顶层的应力随时间的变化曲线均呈波浪形发展，而应力特点有所不同。

筏板底层的混凝土拉应力很小，测点 DH1-Y1 比 DH1-X1 大些。基坑地下墙爆破前，两者最大拉应力，前者接近 1.5MPa，后者为 0.7MPa。爆破后 2007 年 7 月，拉应力逐步升到 2.37MPa 和 1.72MPa。到 2008 年测试结束时，DH1-Y1 可视作失效，DH1-X1 呈波浪形上升到 2.5MPa。

筏板顶层的混凝土应力变化较大，测点 DH1-X2 和 DH1-Y2 两者以相差 2.0～3.0MPa 呈波浪形发展。测点 DH1-Y2 在基坑地下墙爆破前、后的最大压力很接近，为 3.3～3.7MPa。但是，测点 DH1-X2 的应力，有拉和压应力的波浪形发展，在基坑地下墙

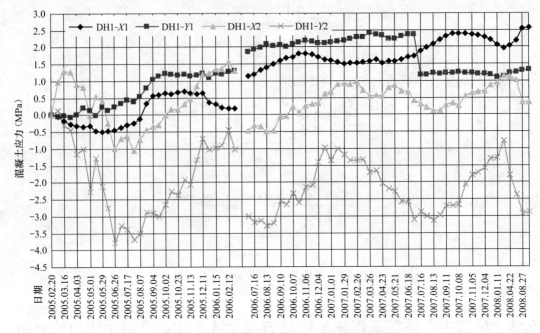

图 5-3  筏板测点 DH1 混凝土应力-时间关系

爆破前最大拉应力为 1.5MPa，最大压应力约为 1.0MPa。爆破后，应力有所下降，拉应力为 1.0MPa，压应力为 0.5MPa。到 2008 年测试结束前，DH1-X2 的应力，只有拉应力的波浪形发展，最大拉应力仅为 1.0MPa，而 DH1-Y2 仍然呈大波浪形发展，到 2008 年测试结束时，基本上接近爆破前的最大压力 3.0MPa。DH1-X2 和 DH1-Y2 的应力发展有异常现象。

然而，从图 5-3 也可见，顶层的应力受到结构刚度对基础刚度贡献和季节性温度的影响比较明显，具有明显的周期性变化。

### 5.3.2  筏板测点 DH2 混凝土应力的分析

2005 年 2 月 20 日第 1 次测试到 2007 年 7 月间，相当施工进程为内框筒 F96，外框筒 F92。测点 DH2 的混凝土应力-时间变化曲线见图 5-4。它与测点 DH1 的混凝土应力-时间变化曲线有些相似。

筏板底层的混凝土拉应力很小，测点 DH2-Y1 比 DH2-X1 大些。基坑地下墙爆破前，两者最大拉应力接近 1.0MPa。爆破后，测点 DH2-Y1 拉应力逐步升到 1.4MPa，随后降至 1.0MPa 以下，而 DH2-X1 基本保持在 0.50MPa。到 2008 年测试结束时，基本上接近爆破前的最大拉力 0.5～1.0MPa。

筏板顶层的混凝土压应力变化较小，测点 DH2-X2 和 DH2-Y2 两者的压应力相差约 1.0MPa，呈波浪形发展。测点 DH2-X2 和 DH2-Y2 在基坑地下墙爆破前后的最大压应力比较接近，为 3.4～4.7MPa。到 2008 年测试结束时，基本上接近爆破前的最大压力 3.5～4.0MPa。

从测点 DH2 的混凝土应力-时间变化曲线可见，筏板底层和顶层的应力变化是拉、压应力分明。从图也可见，与测点 DH1 相似，顶层的应力受到结构刚度对基础刚度贡献和季节性温度的影响比较明显。

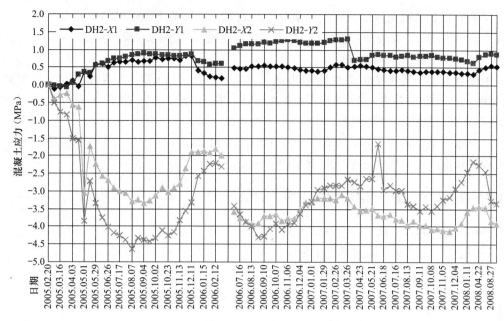

图 5-4　筏板 DH2 混凝土应力-时间关系

### 5.3.3　筏板测点 DH3 混凝土应力的分析

2005 年 2 月 20 日第一次测试到 2007 年 7 月间，相当施工进程为内框筒 F96，外框筒 F92。

DH3 的混凝土应力-时间变化曲线，见图 5-5。该图的 DH3-Y1 数据无效，故未列入。

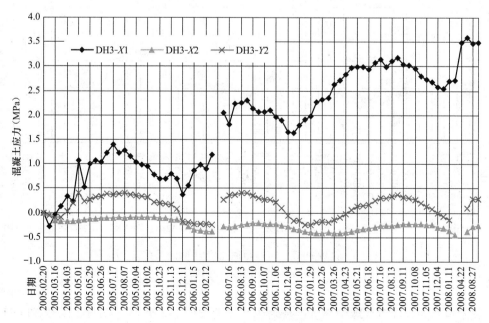

图 5-5　筏板 DH3 混凝土应力-时间关系

（注：DH3-Y1 无效未列入）

筏板底层的混凝土拉应力较大，呈波浪形发展，基坑地下墙爆破前，测点 DH3-X1 的拉应力为 1.5MPa。爆破后，测点 DH3-X1 拉应力逐步升到 3.1MPa。至 2008 年测试结束，仍呈波浪形上升至约 3.5MPa。

筏板顶层的混凝土压应力变化较小，测点 DH3-X2 和 DH3-Y2 两者的压应力相差约 0.5MPa，呈波浪形发展。而 DH3-Y2 较为明显，拉应力为 0.5MPa，压应力为 0.2MPa。至 2008 年测试结束，变化不大。

从图也可见，测点 DH3 与测点 DH1 和 DH2 相似，顶层的应力受到结构刚度对基础刚度贡献和季节性温度的影响比较明显。

### 5.3.4 筏板测点 DH1～DH3 混凝土应力的综合分析

概括上述 DH1～DH3 筏板混凝土应力，如图 5-6 所示。从图可见：

1）筏板底层混凝土应力基本上为拉应力，最大拉应力仅为 3.1MPa；

2）筏板顶层混凝土应力基本上为压应力，最大压应力仅为 4.7MPa；

3）顶层的应力受到结构刚度对基础刚度贡献和季节性温度的影响比较明显。

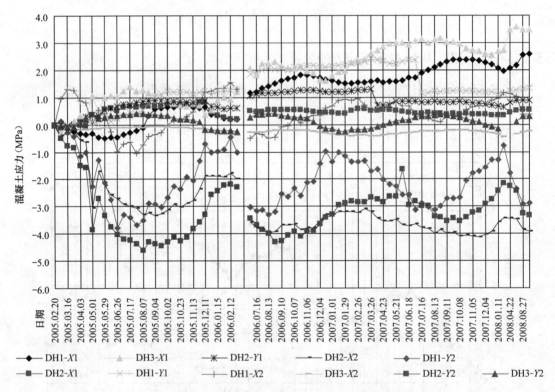

图 5-6　筏板 DH1～DH3 混凝土应力-时间关系综合图

(注：DH3-Y1 无效，未列入)

关于本章在 5.3 节环球中心桩筏基础在 Y 钢筋方向上 3 个测点 DH1、DH2 和 DH3 混凝土应力相对应的 3 个测点 DG1、DG4 和 DG5 钢筋应力，见本书第 4 章，可作比较。

## 5.4 环球中心桩筏基础沿 *X* 轴方向上 2 个测点混凝土应力的分析

2 个测点 DH4 和 DH5 是沿 *X* 轴（B-B）方向布置，见图 5-1 和图 5-2。其标高、位置、相应厚度以及桩的长短为：

测点 DH4 和 DH5 在内外框内和外框上，标高均为－18.85m，厚度为 4.0m。

这样，在沿 *X* 轴（B-B）方向布置的 2 个测点 DH4 和 DH5，只有 4.0m 厚度。所处位置在内外框内和外框上，桩的长度相同，但是，测点 DH4 处在厚度变换处，因此，这个特点影响着混凝土应力的大小。

### 5.4.1 筏板测点 DH4 混凝土应力的分析

筏板测点 DH4 混凝土应力-时间关系如图 5-7 所示。从图可见，2005 年 2 月 20 日第 1 次测试到 2007 年 7 月间，混凝土应力呈波浪形上升。至 2008 年测试结束，变化相似。

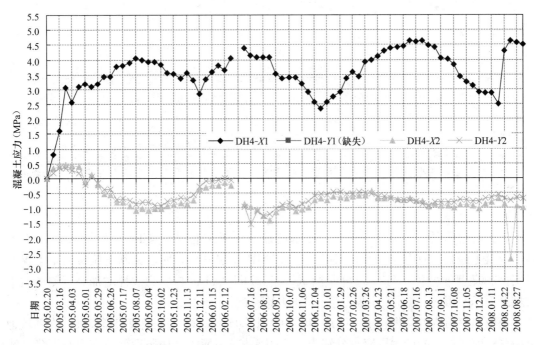

图 5-7　筏板测点 DH4 混凝土应力-时间关系

（注：DH4-Y1 失效，未列入）

筏板底层的混凝土拉应力较大，测点 DH4-Y1 无效，DH4-X1 在基坑地下墙爆破前，呈波浪形发展，混凝土最大拉应力略超过 4.0MPa。爆破后 2006 年 7 月以后，仍呈波浪形发展，混凝土拉应力最大升到 4.6MPa。至 2008 年测试结束，拉应力保持为 4.6MPa。

筏板顶层的应力变化较小，测点 DH4-X2 和 DH4-Y2 两者的应力-时间变化几乎吻合，呈波浪形发展。在基坑地下墙爆破前后混凝土的最大压力分别为 1.0MPa 和 0.8MPa。至 2008 年测试结束，变化相似。

从测点 DH4 的混凝土应力-时间变化曲线可见，筏板底层和顶层的应力变化是拉、压应力分明。从图也可见，底层和顶层的应力受到结构刚度对基础刚度贡献和季节性温度的影响比较明显。

### 5.4.2  筏板测点 DH5 混凝土应力的分析

筏板测点 DH5 混凝土应力-时间关系如图 5-8 所示。从图可见，2005 年 2 月 20 日第 1 次测试到 2007 年 7 月间以及到 2008 年测试结束，混凝土应力-时间略呈波浪形发展。

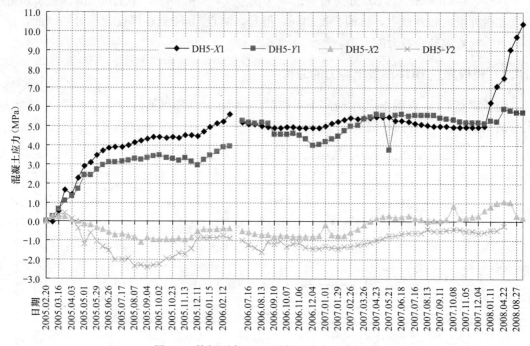

图 5-8  筏板测点 DH5 混凝土应力-时间关系

筏板底层的混凝土拉应力较大，在基坑地下墙爆破前，测点 DH5-X1 比 DH4-Y1 大些，混凝土最大拉应力分别为 5.7MPa 和 4.0MPa。爆破后，两者混凝土拉应力基本保持稳定。2007 年 12 月 17 日～2008 年测试结束，DH5-X1 的拉应力线性增加，至测试结束时增至 10.36MPa，属异常现象，应与 DH4-Y1 接近。

筏板顶层的应力变化较小，测点 DH5-Y2 比 DH5-X2 略大，呈波浪形发展。在基坑地下墙爆破前混凝土的最大压应力分别为 2.5MPa 和 1.1MPa。爆破后，压应力略下降，测点 DH5-Y2 和 DH4-X2 最大压应力分别为 1.6MPa 和 1.0MPa。到 2007 年 4 月后，DH5-X2 转变为拉应力，在 0～1.0MPa 之间变化。而 DH5-Y2，逐渐减小到测试结束，基本接近拉应力。

从图也可见，与测点 DH4 相似，底层和顶层的应力受到结构刚度对基础刚度贡献和季节性温度的影响。

### 5.4.3  筏板测点 DH4 和 DH5 混凝土应力的综合分析

概括上述 DH4 和 DH5 筏板混凝土应力，如图 5-9 所示。从图可见：

1）筏板底层混凝土应力基本上为拉应力，最大拉应力仅为 6.0MPa（DH5－X1 视作无效）；

2）筏板顶层混凝土应力基本上为压应力，最大压应力约 3.8MPa；

3）顶层的应力受到结构刚度对基础刚度贡献和季节性温度的影响比较明显。

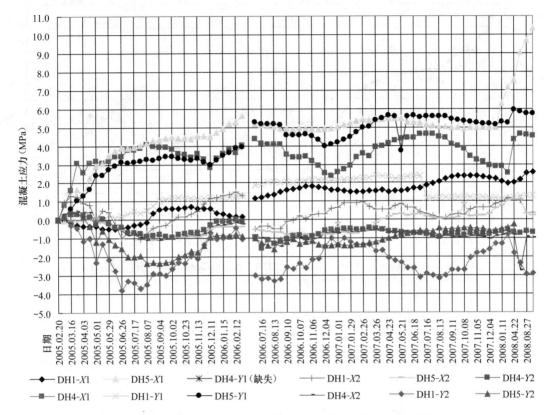

图 5-9　DH1、DH4 和 DH5 筏板混凝土应力-时间关系综合图

（注：测点 DH1 仅作比较，见图 5-6）

关于环球中心桩筏基础沿 $X$ 轴上 3 个测点 DH1、DH4、和 DH5 混凝土应力相对应的 3 个测点 DG9 和 DG10 钢筋应力，见本书第 4 部分，可作比较。

### 说　明

以上的混凝土应力未经温度修正，如果混凝土应力需经温度修正，那么，混凝土应力按下式计算

$$\sigma^1 = \sigma(1 + \alpha t)$$

式中　$\sigma^1$——修正后的混凝土应力；

　　　$\sigma$——未修正的混凝土应力；

　　　$\alpha$——修正系数；

　　　$t$——温度差，参见图 5-10。

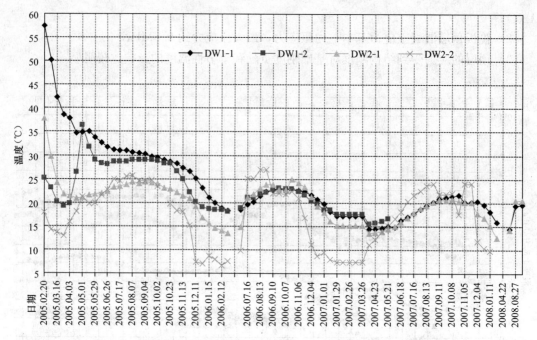

图 5-10　温度计 DW1-1、DW1-2 和 DW2-1、DW2-2 随时间变化关系

# 6 上海环球金融中心基底孔隙水压力分析

本章比较详细地回顾从 20 世纪 50 年代起直至现在，工程界对浮力的认识、试验和工程实践，客观科学地加以评价。水的浮力作用是客观存在的，它的确定可以取决于工程的重要性和复杂性以及工程师的水平，不必受规范的限制。本工程的现场孔隙水压力试验，与上海长峰商场的现场孔隙水压力试验同样有力地证明浮力的存在，而且与实际的地下水位相应。对于超高层建筑，当不考虑桩-土的分担建筑物荷载时，建议充分考虑浮力的作用，达到既保证工程的安全，又节省材料的目的。

## 6.1 引言

早在中世纪，阿基米德已提出关于浮力的著名原理。但多少年来，仍然有不同的见解和选择。

在 20 世纪 50 年代苏联从安全角度出发，确定地基承载力时不考虑浮力，而倾覆验算时则考虑，给作者留下深刻印象的，就是当时武汉长江大桥的桥墩倾覆考虑浮力的问题。另一个生动例子，可推上海的中央商场地区，在 1949 年 5 月上海解放前夕，某房屋的地下室已建成，业主要到台湾，只得在基础上覆盖黄砂以防止基础上浮。新中国成立后，砂的价值上升，附近居民看到这么大堆砂闲着不用，纷纷把砂运走，结果，地下室上浮。

为了进一步论证浮力的正确性，20 世纪 70 年代，北京建筑科学研究院、上海民用建筑设计院、上海华东建筑设计院、上海市政建筑设计院和同济大学在上海最早的四幢高层建筑的现场，对水浮力进行实测试验，证明浮力的正确性。与此同时，还进行了一系列调查研究，例如，衡山路某深井施工，深达 10 余米，采用一级降水，可降水约 8m，后来，发现不降水也未见水流出来，于是停止降水，不几日，在淮海路的道路面开裂，井内涌土。这说明水的渗透是有过程的，且取决于渗透系数的大小。正因为水有个渗透的时间，在"文化革命"中，杨浦区发电厂一个基坑，利用这个特点，挖到基底尚未见水，迅速浇筑混凝土，打个"擦边球"，结果成功了。上海的一些水泵房也出现过上浮事故。停止降水，房屋会上升，华盛大楼的实测结果可为最好的佐证。不久，有关浮力的研究结果列进我国 1974 年的地基基础规范中。

在 20 世纪 90 年代，全国土力学与基础工程会上，第一航务局高级工程师钱征把自己多年来对浮力的研究结果公之于众，愿意把所有资料留给后人。总的概况为 85%～95%，取决于土的渗透力的大小。他的奉献精神可敬可佩。

21 世纪初，海南某房屋地下室完成后，因故停工多年，降水也停止，不久，海南大雨，海水上涨，结果整个地下室上浮，形成罕见的海上奇观，见图 6-1。显然，浮力问题尚未被所有工程人员真正掌握。

现在，讨论上海的五幢超高层建筑如何考虑浮力：

(1) 在 20 世纪 90 年代中期建筑的 88 层金茂大厦，埋深为 19.65m，地下水位在地面

图 6-1　海南某高层建筑的地下室上浮景象

以下约 1m，按现有规范，可考虑 18.65m 的浮力，后来在基底设置过滤层，没有考虑浮力。

（2）在 20 世纪 90 年代后期建筑的 66 层恒隆广场，埋深为 18.95m，地下水位在地面以下约 1m，按现有规范，可考虑 17.95m 的浮力，但在设计时没有考虑浮力。建筑物总重 424500kN，灌注桩 849 根，每根桩承受 5000kN，与设计桩的承载力 5000kN 相同。

（3）在 21 世纪的环球中心 101 层，埋深为 18.45m，地下水位在地面以下约 1m，按现有规范，可考虑 17.45m 的浮力，在设计时仅考虑 60% 的浮力。

（4）上海中心大厦 121 层，埋深为 31.2m，在设计时考虑 80% 的浮力，对浮力有进一步的认识。

从以上四幢超高层大楼设计可见，根据每个工程的具体情况，对浮力可有不同的选择。

（5）还要提及：60 层长峰商场进行孔隙水压力试验，得到很好的结果。该工程的埋深为 18.5m，5 个孔隙水压力计测得的数据：$F_1 = 170.8$kPa，$F_{2-1} = 162.4$kPa，$F_{2-2} = 169.5$kPa，$F_3 = 165.9$kPa 和 $F_4 = 157.4$kPa，说明测得的浮力是比较接近的。若按地下水埋深为 1.5m，则底板处水头为 17m，浮力（孔隙水压力）为 170kPa，可见浮力即为静水压力值（故浮力系数接近于 1.0。）

在环球中心埋设孔隙水压力计，目的是进一步论证工程的浮力以及检验土压力。

## 6.2　工程水文地质概况与降水情况

上海环球金融中心工程场地邻近黄浦江，属第四系河口～滨海相、滨海～浅海沉积层，地层主要由饱和黏性土、粉性土、砂土组成。场地浅部地下水属潜水类型，主要补给来源为大气降水与地表径流，地下水位埋深为 0.50～1.2m。下部承压水分布在埋深约 30m 以下的松散层中。本场地缺乏第⑧层，为上海市第Ⅰ、Ⅱ、Ⅲ承压含水层连通区，三个含水层组互相连通，有直接的水力连系。承压含水层层顶绝对标高为 −23.88～−25.37m，承压水层层底标高为－138.83～－145.07m，承压含水层厚度为117m。承压含水层的水头受开采和补给的影响而变化，一般波动在地面以下4～10m之间。

塔楼区为直径100m的圆形基坑，基坑围护采用1.0m厚的地下连续墙，墙顶标高1.65m，墙底标高为－30.0m，连续墙深度为34.0m（自然地面绝对标高为4.0m）。基坑大底板开挖深度为18.35m，电梯井基坑最深开挖深度为25.89m。基坑开挖与土层情况如图6-2所示。

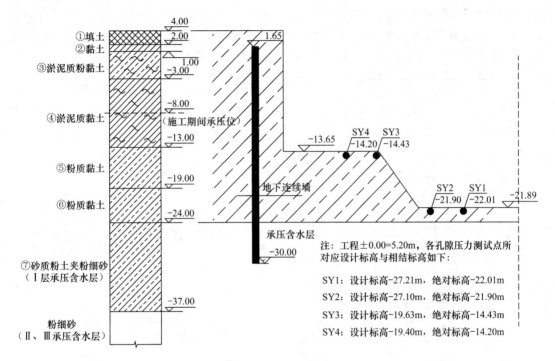

图6-2　基坑开挖与土层情况示意图

基坑开挖时，为防止承压水向坑内突涌，采用降压井降低承压水水位[1]。对降压井的运行要求分阶段细化。降水运行分为以下9个阶段，如表6-1所示。2004年12月施工电梯井底板时，承压水位约－23.0m，底板施工过程中对降水进行调整，承压水位逐渐回升；2005年2月25日～2005年3月15日大底板施工期间，承压水位稳定在－12.0m左右；其后降压井关闭，承压水位动态变化在－8.0m左右。

降水控制阶段表　　　　　　　　　　　　　　　　　　　　　表6-1

| 阶　　段 | 序　　号 | 开挖面标高（m） | 降水控制水位标高（m） |
|---|---|---|---|
| 开挖阶段 | 1 | －8.45 | －5.5 |
| | 2 | －11.55 | －14.0 |
| | 3 | －14.15 | －17.0 |
| | 4 | －16.86 | －19.0 |
| | 5 | －21.89 | －23.0 |
| | 6 | －21.89 | －23.0 |
| 大底板施工 | 7 | －16.95 | －19.0 |
| | 8 | －14.20 | －17.0 |
| | 9 | －11.65 | －10.0 |

## 6.3　上海环球金融中心基底孔隙水压力的测试概况

本工程的现场测试工作是从 2004 年 12 月 17 日晚～18 日凌晨埋设仪器开始。

为了测量基底土中的孔隙水压力的变化，沿着土压力盒的布置方向埋设 4 个孔隙水压力计，SY1、SY2、SY3 和 SY4 见图 6-3，即：在核心筒内的土压力盒 TY1 和 TY2（标高－27.24m 和－27.36m）旁分别埋设孔隙水压力计 SY1 和 SY2，其标高分别为－27.21m 和－27.10m；在外筒内外的土压力盒 TY6 和 TY7（标高－19.28m 和－19.31m）旁分别埋设孔隙水压力计 SY3 和 SY4，其标高分别为－19.63m 和－19.40m。

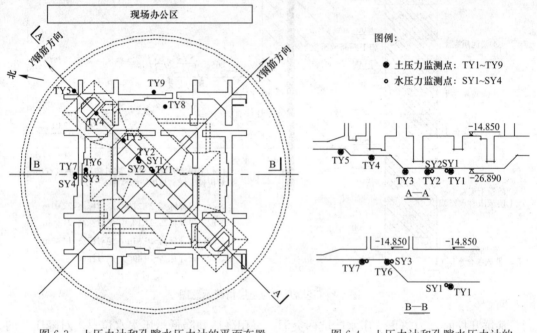

图 6-3　土压力计和孔隙水压力计的平面布置
（图中的圆形为围护结构）

图 6-4　土压力计和孔隙水压力计的
布置剖面

这里特别指出：孔隙水压力计布置均配合相应土压力盒布置，在土压力计旁，相应标高也接近。便于对比孔隙水压力与土压力的情况。

筏板混凝土浇筑的重要日程见本书 0.7 节。

此外，土压力的第一测试是 2004 年 12 月 20 日开始，迨至 2006 年 2 月 26 日，因基坑地下连续墙爆破，暂时停测 4 个多月，到 2006 年 7 月 2 日恢复测试。这些因素将会影响孔隙水压力的变化。

基于上述情况，下面将按孔隙水压力计所在标高划分进行分析。

## 6.4　上海环球金融中心基底孔隙水压力 SY1 和 SY2 的分析

孔隙水压力 SY1 和 SY2 随时间的变化曲线见图 6-5。从图 6-5 可见，从 2005 年 2 月 20 日～2008 年 8 月 27 日的两条曲线几乎变化一致，基坑地下连续墙爆破前后的影响数值也是几乎相同，孔隙水压力 SY1 和 SY2 的峰值在爆破前后同样接近相等，即约为 130kPa。

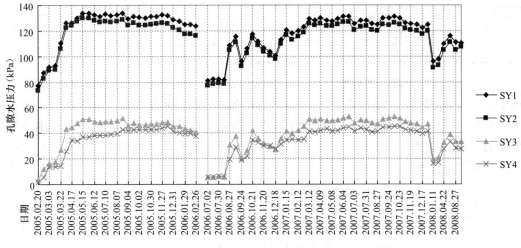

图 6-5  孔隙水压力-时间变化曲线（SY1、SY2、SY3 和 SY4）

## 6.5  上海环球金融中心基底孔隙水压力 SY3 和 SY4 的分析

孔隙水压力 SY3 和 SY4 随时间的变化曲线见图 6-5。从图 6-5 可见，从 2005 年 2 月 20 日～2007 年 7 月 31 日的两条曲线几乎变化一致，基坑地下连续墙爆破前后的影响数值也是几乎相同，孔隙水压力 SY3 和 SY4 的峰值在爆破前后同样接近相等，即约为 40～50kPa。

## 6.6  上海环球金融中心基底孔隙水压力 SY1～SY4 的综合分析

从上述的第 6.4 节和第 6.5 节对基底孔隙水压力 TY1～TY4 的分析，不难看出，4 条孔隙水压力 TY1～TY4 随时间变化的曲线形状几乎一致。测点孔隙水压力的变化规律为：2005 年 2 月 20 日～2005 年 3 月 15 日，大底板施工期间，孔隙水压力逐渐上升并滞后于承压水位达到稳定状态，一直持续到 2006 年 2 月 26 日。随后由于连续墙爆破，至 2006 年 7 月 2 日期间停测。恢复测试之后，测得孔隙水压力显著小于停测前的稳定值，随后持续上升，达到原来的峰值之后基本稳定，至 2012 年 12 月 28 日又具有下降趋势。

经分析计算，测点的峰值孔隙水压力值即为承压水位与测点之间的静水压力值。计算结果如表 6-2 所示，可见计算值与实测值非常接近。至于计算值略大于实测值，一方面承压水位是动态稳定，另一方面跟孔压传感器尺寸过大、土体不完全饱和等有关[2]。

孔隙水压力测试值与计算值                           表 6-2

| 测  点 | SY1 | SY2 | SY3 | SY3 |
|---|---|---|---|---|
| （设计）标高（m） | −27.21 | −27.01 | −19.63 | −19.40 |
| 绝对标高（m） | −22.01 | −21.90 | −14.43 | −14.20 |
| 稳定承压水位（m） | −8.0 | −8.0 | −8.0 | −8.0 |

| 测　　点 | SY1 | SY2 | SY3 | SY3 |
|---|---|---|---|---|
| 承压水位－测点绝对标高（m） | 14.01 | 13.9 | 6.43 | 6.2 |
| 计算孔隙水压力值（kPa） | 137.3 | 136.2 | 63.0 | 60.7 |
| 实测孔隙水压力值（kPa） | 130 | 125 | 48 | 42 |

测试开始阶段，降压井逐渐封闭，承压水位逐渐上升，测点孔隙水压力也逐渐上升；地下连续墙爆破阶段，由于爆破对土体产生扰动，孔隙水压力大幅度下降，SY1 与 SY2 下降至约 80kPa，SY3 与 SY4 下降至约 5kPa，后随土体的进一步压实固结又逐渐达到爆破前的峰值。2008 年 1 月 17 日以后孔隙水压力又呈下降趋势，可能跟周围相邻基坑的施工扰动或降水有关。

## 6.7　结论

综上半个世纪的事实论证，水的浮力是客观存在的事实，必须考虑。在该工程中，坑底为第⑥层粉质黏土层，该层为相对隔水层，其下 3.0m 左右为第⑦层砂质粉土夹粉细砂层，是上海地区的第Ⅰ承压含水层。该含水层可能由于前期勘察钻孔封孔不严、成桩扰动等原因，在较高的水头压力作用下，该承压水会越流至基础筏板处，并对底板产生浮力，浮力最大值即为承压水位至测点处的静水压力值。由于承压水位的动态变化及施工影响，该浮力值也会随之改变。考虑浮力对上部荷载的分担作用时，应综合各种因素取承压水位的最低值作为浮力的计算依据；而当考虑地下构筑物的抗浮时，应取承压水位的最高值作为计算依据，具体工程还应取决于工程师的经验。

**参 考 文 献**

[1]　罗建军，瞿成松，姚天强. 上海环球金融中心塔楼基坑降水工程，地下空间与工程学报. 2005, 1 (4)：646-650.

[2]　李广信. 关于有效应力原理的几个问题. 岩土工程学报，2011, 33 (2)：315-320.

# 7 上部结构与地基基础共同作用理论在上海环球金融中心桩筏基础中的应用

本章首先简述上部结构与地基基础共同作用的应用前景，然后，应用上部结构与地基基础共同作用理论，简化计算或预测上海三幢超高层建筑的桩筏（箱）基础，最后，考虑桩筏基础地基变形三个阶段——隆起、接近水平和沉降，对上海环球金融中心桩筏基础进行计算分析——地基变形（隆起和沉降）、桩顶反力、筏板弯矩。计算结果与实测数据有较好的一致性趋势，尤其是地基变形（隆起和沉降）有较好的吻合。这些带有突破性的初步成果，为超高层建筑桩筏基础设计改革指明方向。但是，尚需今后作进一步深入研究、改进和完善，以期达到应用的目的。

## 7.1 引言

在 20 世纪 70 年代中，同济大学高层建筑与地基基础共同作用课题组（简称共同作用组）最早引进采用子结构法研究高层建筑与地基基础共同作用，至今有 30 多年。在 21 世纪初，对高层建筑与地基基础共同作用的理论研究又迈出了一步，把该组原在三个国际领先领域的成果，即，高层建筑与地基基础共同作用理论、深基坑工程计算理论（包括逆作法计算理论）和损伤土力学理论，在一定程度上融合在一个总方程式中。共同作用理论可以用于分析逆作法（半逆作法和全逆作法）；在基础工程中的应用，尤其是在桩基刚度调平法中的应用，显出其独特的作用，获得很大的经济效果；共同作用理论可以在超高层建筑工程施工控制理论、方法和技术中初步应用；共同作用理论也用于港口和桥梁工程；共同作用理论又发展为能考虑固结和蠕变的地基与上部结构共同作用的分析等，这样，共同作用理论将为工程实践展示着越来越广阔的应用前景。

本部分将分三个方面进行论述：

（1）上部结构与地基基础共同作用理论与分析方法

论述共同作用理论中的一种上部结构与地基共同作用分析的方法[1]，该方法特别是筏基分析，方法新颖，比有限元法优越。

（2）上部结构与地基共同作用理论和方法在超高层建筑桩筏（箱）基础中的应用（一）——对恒隆广场和金茂大厦的基础分析与预测当时正在建造的上海环球金融中心的基础性状。

简单论述在 2005 年前计算分析的 66 层 288m 的恒隆广场和 88 层 420m 的金茂大厦以及预测正在建造中的 101 层 492m 的上海环球金融中心，用以说明考虑共同作用的必要性和实用性。当时，为简便起见，不考虑上部结构共同作用，仅仅考虑桩筏（箱）与地基共同作用。

（3）上部结构与地基共同作用理论和方法在超高层建筑桩筏基础中的应用（二）——

对上海环球金融中心桩筏基础计算与分析。区别于（2）的地方表现在：1）考虑桩筏基础与上部结构共同作用，2）考虑开挖基坑引起回弹的影响，并且，结合现场实测结果进行分析。

## 7.2　上部结构与地基基础共同作用理论与分析方法

上部结构与地基基础共同作用的分析方法，一般是以有限元方法为基础，分别求出上部结构刚度矩阵、基础刚度和桩-土地基刚度矩阵，三者依次叠加，并通过力的平衡和变形协调条件建立共同作用分析的基本方程。而本方法是将筏基作为一块整体板，设计一种位移模型，根据上部结构结点、桩-土结点施加于筏基上的作用力，应用势能原理建立共同作用分析的基本方程，求得上部结构结点和桩土结点的反力，筏基中任意点的弯矩、扭矩、正应力和剪应力，从而可以分析共同作用的所有问题。

### 7.2.1　筏基的位移函数

当采用势能原理求解某一问题时，寻找一个适当合理的位移函数非常重要。位移函数的表达式为：

$$w = a_0 + a_1 \frac{x}{a} + a_2 \frac{y}{b} + \sum_m a_{m0} \sin \frac{m\pi x}{a} + \sum_n a_{0n} \sin \frac{n\pi y}{b} +$$

$$\sum_m \sum_n a_{mn} \sin \frac{m\pi x}{a} \sin \frac{n\pi y}{b} (m, n = 1, 2, 3) \tag{7-1}$$

式中 $a$ 和 $b$ 分别为筏板的长度和宽度，$a_0$，$a_1$，$a_2$，$a_{m0}$，$a_{0n}$ 和 $a_{mn}$ 均为未知待定函数参数。筏基的边界条件为：

$$|M_x|_{x=0,a} = -D_r \left[ \frac{\partial^2 w}{\partial x^2} + \mu_r \frac{\partial^2 w}{\partial y^2} \right] \bigg|_{x=0,a} = 0$$

$$|V_x|_{x=0,a} = -D_r \left[ \frac{\partial^3 w}{\partial x^3} + (2-\mu_r) \frac{\partial^3 w}{\partial x \partial y^2} \right] \bigg|_{x=0,a} = 0$$

$$|M_y|_{y=0,b} = -D_r \left[ \frac{\partial^2 w}{\partial y^2} + \mu_r \frac{\partial^2 w}{\partial x^2} \right] \bigg|_{y=0,b} = 0$$

$$|V_y|_{y=0,b} = -D_r \left[ \frac{\partial^3 w}{\partial y^3} + (2-\mu_r) \frac{\partial^3 w}{\partial y \partial x^2} \right] \bigg|_{y=0,b} = 0 \tag{7-2}$$

式中 $D_r = \frac{E_r t^3}{12(1-\mu_r^2)}$ 和 $\mu_r$ 分别为筏板的弯曲刚度和泊松比，其中 $E_r$ 和 $t$ 分别为筏板的弹性模量和厚度。筏板通常为钢筋混凝土，其泊松比为 $1/6$。式（7-1）采用级数项研究，能够精确地满足自由边界条件，级数能够很快地收敛。

### 7.2.2　筏基分析

筏板的变形能为：

$$U_r = \frac{D_r}{2} \iint \left\{ \left( \frac{\partial^2 w}{\partial x^2} + \frac{\partial^2 w}{\partial y^2} \right)^2 - (1-\mu_r) \left[ \frac{\partial^2 w}{\partial x^2} \frac{\partial^2 w}{\partial y^2} - \left( \frac{\partial^2 w}{\partial x \partial y} \right) \right] \right\} dxdy \tag{7-3}$$

将式（7-1）代入式（7-3）可得：

$$U_r = \frac{\pi^4 D_r}{2a^4} ab \left\{ \frac{1}{2} \sum_m m^4 a_{m0}^2 + \frac{1}{2} \sum_n \lambda^4 n^4 a_{0n}^2 + \frac{1}{4} \sum_m \sum_n (m^2 + \lambda^2 n^2)^2 a_{mn}^2 \right.$$

$$+ \sum_m \sum_n \frac{m^4}{n\pi} (1 - \cos n\pi) a_{m0} a_{mn} + \sum_m \sum_n \frac{\lambda^4 n^4}{m\pi} (1 - \cos m\pi) a_{0n} a_{mn}$$

$$+ \mu_r \left[ \frac{2}{\pi^2} \sum_m \sum_n \lambda^2 mn (1 - \cos m\pi)(1 - \cos n\pi) a_{m0} a_{0n} \right.$$

$$\left. \left. + \frac{1}{\pi} \sum_m \sum_n \lambda^2 m^2 n (1 - \cos n\pi) a_{m0} a_{mn} + \frac{1}{\pi} \sum_m \sum_n \lambda^2 n^2 m (1 - \cos m\pi) a_{0n} a_{mn} \right] \right\}$$

$$(7-4)$$

式中，$\lambda = a/b$。

### 7.2.3　上部结构分析

按照子结构方法，如前节所述，上部结构的最后子结构的平衡方程为

$$\begin{Bmatrix} P_i \\ P_b \end{Bmatrix} = \begin{bmatrix} k_{ii} & k_{ib} \\ k_{bi} & k_{bb} \end{bmatrix} \begin{Bmatrix} U_i \\ U_b \end{Bmatrix} \tag{7-5}$$

式中下标 $i$ 和 b 表示内部和边界结点，因为式（7-5）为上部结构的最后子结构，$\{P_b\}$ 和 $\{U_b\}$ 为作用在筏板上的荷载和位移。从式（7-5）可得：

$$\{P_b\} = \{\overline{P}_i\} + [K_b]\{U_b\} \tag{7-6}$$

式中，$\{\overline{P}_i\} = [K_{bi}][K_{ii}]^{-1}\{P_i\} = \{\overline{P}, \ \overline{M}_x, \ \overline{M}_y\}$；

$\qquad [K_b] = [K_{bb}] - [K_{bi}][K_{ii}]^{-1}[K_{ib}]$。

$\{P_i\}$ 为作用在上部结构的外部荷载而与位移无关，$\{P_b\}$ 也与位移无关；$\{U_b\}$ 为上部结构的边界位移，与筏板的位移相等。上部结构的位移能为：

$$U_u = \{\overline{P}_i\}^T \{U_b\} + \frac{1}{2} \{U_b\}^T [K_b]\{U_b\} \tag{7-7}$$

式中，$\{U_b\} = \{W_b \quad \theta_{xb} \quad \theta_{yb}\}^T = \left\{ W_b \quad \dfrac{\partial w}{\partial x} \quad \dfrac{\partial x}{\partial y} \right\}^T$。

### 7.2.4　桩-土体系分析

桩-土体系的弯曲矩阵 $[K_s]$ 按照 Poulos[4] 提出的方法计算。$[K_s]$ 的阶扩大与 $[K_b]$ 的阶一样大，桩土体系的位移能为：

$$U_S = \frac{1}{2} \{w_S\}^T [K_S]\{w_S\} \tag{7-8}$$

式中，$\{w_S\} = \{w \quad 0 \quad 0\}^T$，因为桩-土体系不考虑传递弯矩，故最后两项均为零。所以，筏板与桩-土体系间的位移与筏板位移相等。

### 7.2.5　外力作用在筏板的功

筏板的自重，分布荷载和点荷载作用在筏板上所作的总功为：

$$W_r = \frac{1}{ab} G_r \iint w \, dx \, dy + \sum_k P_{0k} \iint w \, dx \, dy + \sum_1 P_1 w(x_1, y_1) \tag{7-9}$$

将式（7-1）代入式（7-9）可得

$$W_r = G_r \Big( a_0 + \frac{1}{2}aa_1 + \frac{1}{2}ba_2 + \sum_m \frac{1-\cos m\pi}{m\pi}a_{m0}$$

$$+ \sum_n \frac{1-\cos n\pi}{n\pi}a_{0n} + \sum_m \sum_n \frac{(1-\cos m\pi)(1-\cos n\pi)}{mn\pi^2}a_{mn}$$

$$\sum_k \Big\{ P_{0k}\Big[ a_0(x_{2k}-x_{1k})(y_{2k}-y_{1k}) + \frac{1}{2a}a_1(x_{2k}^2-x_{1k}^2)(y_{2k}-y_{1k})$$

$$+ \frac{1}{2b}a_2(x_{2k}-x_{1k})(y_{2k}^2-y_{1k}^2) + \sum_m \frac{a(y_{2k}-y_{1k})}{m\pi}\Big(\cos\frac{m\pi x_{1k}}{a} - \cos\frac{m\pi x_{2k}}{a}\Big)a_{m0}$$

$$+ \sum_n \frac{b(x_{2k}-x_{1k})}{n\pi}\Big(\cos\frac{n\pi y_{1k}}{b} - \cos\frac{n\pi y_{2k}}{b}\Big)a_{0n}$$

$$+ \sum_m \sum_n \frac{ab}{mn\pi^2}\Big(\cos\frac{m\pi x_{1k}}{a} - \cos\frac{m\pi x_{2k}}{a}\Big)\Big(\cos\frac{n\pi y_{1k}}{b} - \cos\frac{n\pi y_{2k}}{b}\Big)a_{mn}\Big]\Big\}$$

$$+ \sum_1 P_1\Big(a_0 + a_1\frac{x_1}{a} + a_2\frac{y_1}{b} + \sum_m a_{m0}\sin\frac{m\pi x_1}{a} + \sum_n a_{0n}\sin\frac{n\pi y_1}{b}$$

$$+ \sum_m \sum_n a_{mn}\sin\frac{m\pi x_1}{a}\sin\frac{n\pi y_1}{b}\Big) \tag{7-10}$$

### 7.2.6　上部结构与桩筏基础共同作用分析的基本方程

上部结构-筏-桩-土体系的总位移能为：

$$U_T = U_r + U_s - U_u - W_r$$

$$= U_r - \{\bar{P}_i\}^T\{u_b\} - \frac{1}{2}\{u_b\}^T\{k_b\}\{u_b\} + \frac{1}{2}\{w_s\}^T\{k_s\}\{w_s\} - W_r \tag{7-11}$$

$$= U_r - W_r - \{\bar{P}_i\}^T\{u_b\} + \frac{1}{2}\{u_b\}^T\{k_b\}\{u_b\}$$

其中：$[k] = [k_s] - [k_b]$

按照势能原理可知，当一个体系处于平衡状态时其势能为最小值，对筏基有

$$\frac{\partial U_T}{\partial a_0} = 0 \tag{7-12}$$

$$\frac{\partial U_T}{\partial a_1} = 0 \tag{7-13}$$

$$\frac{\partial U_T}{\partial a_2} = 0 \tag{7-14}$$

$$\frac{\partial U_T}{\partial a_{m0}} = 0 \tag{7-15}$$

$$\frac{\partial U_T}{\partial a_{0n}} = 0 \tag{7-16}$$

$$\frac{\partial U_T}{\partial a_{mn}} = 0 \tag{7-17}$$

将式（7-11）代入式（7-12）～式（7-17）可得上部结构-筏-桩-土共同作用的基本方程为：

$$\sum_i \sum_j \big[ k(3i-2,3j-2)w_j + k(3i-2,3j)\theta_{y_j} + k(3i-2,3j)\theta_{x_j} \big]$$

$$=G_{\mathrm{r}}+\sum_k P_{0k}(x_{2k}-x_{1k})(y_{2k}-y_{1k})+\sum_l P_l+\sum_i \overline{P}_i \qquad (7\text{-}18)$$

$$\sum_i\sum_j\Big\{\big[k(3i-2,3j-2)x_i+k(3i,3j-2)\big]w_j$$

$$+\big[k(3i-2,3j-1)x_i+k(3i,3j-1)\big]\theta_{y_j}$$

$$+\big[k(3i-2,3j)x_i+k(3i,3j)\big]\theta_{x_j}\Big\}$$

$$=\frac{1}{2}aG_{\mathrm{r}}+\frac{1}{2}a\sum_k P_{0k}(x_{2k}^2-x_{1k}^2)(y_{2k}-y_{1k})$$

$$+\sum_1\frac{1}{a}x_1+\sum_i\Big[\overline{P}_i\frac{x_i}{a}+\frac{\overline{M}_{x_i}}{a}\Big] \qquad (7\text{-}19)$$

$$\sum_i\sum_j\Big\{\big[k(3i-2,3j-2)y_i+k(3i-1,3j-2)\big]w_j$$

$$+\big[k(3i-2,3j-1)y_i+k(3i-1,3j-1)\big]\theta_{y_j}$$

$$+\big[k(3i-2,3j)_{x_i}+k(3i-1,3j)\big]\theta_{x_j}\Big\}$$

$$=\frac{1}{2}bG_{\mathrm{r}}+\frac{1}{2}b\sum_k P_{0k}(y_{2k}^2-y_{1k}^2)(x_{2k}-x_{1k})$$

$$+\sum_1\frac{1}{b}y_1+\sum_i\Big[\overline{P}_i\frac{y_i}{b}+\frac{\overline{M}_{y_i}}{b}\Big] \qquad (7\text{-}20)$$

$$\sum_i\sum_j\Big\{\Big[k(3i-2,3j-2)\sin\frac{m\pi x_i}{a}+k(3i,3j-2)\frac{m\pi}{a}\cos\frac{m\pi x_i}{a}\Big]w_j$$

$$+\Big[k(3i-2,3j-1)\sin\frac{m\pi x_i}{a}+k(3i,3j-1)\frac{m\pi}{a}\cos\frac{m\pi x_i}{a}\Big]\theta_{y_j}$$

$$+\Big[k(3i-2,3j)\sin\frac{m\pi x_i}{a}+k(3i,3j)\frac{m\pi}{a}\cos\frac{m\pi x_i}{a}\Big]\theta_{x_j}\Big\}$$

$$+\frac{1}{2}\frac{D_{\mathrm{r}}\pi^4}{a^4}ab\Big[m^4 a_{m0}+\frac{2}{\pi^2}u_{\mathrm{r}}\sum_n\lambda^2 mn(1-\cos m\pi)(1-\cos n\pi)a_{0n} \qquad (7\text{-}21)$$

$$+\frac{1}{\pi}\sum_n m^2\Big(\frac{m^2}{n}+u_{\mathrm{r}}\lambda^2 n\Big)(1-\cos n\pi)a_{mn}\Big]$$

$$=G_{\mathrm{r}}\frac{1-\cos m\pi}{m\pi}+\sum_k\Big\{P_{0k}\Big[\frac{a(y_{2k}-y_{1k})}{m\pi}\Big(\cos\frac{m\pi x_{1k}}{a}-\cos\frac{m\pi x_{2k}}{a}\Big)\Big]\Big\}$$

$$+\sum_1 P_1\sin\frac{m\pi x_1}{a}+\sum_i\Big[\overline{P}_i\sin\frac{m\pi x_i}{a}+\Big[\overline{M}_{y_i}\frac{m\pi}{a}\cos\frac{m\pi x_i}{a}\Big]$$

$$\sum_i\sum_j\Big\{\Big[k(3i-2,3j-2)\sin\frac{n\pi y_i}{b}+k(3i-1,3j-2)\frac{\lambda n\pi}{a}\cos\frac{n\pi y_i}{b}\Big]w_j$$

$$+\Big[k(3i-2,3j-1)\sin\frac{n\pi y_i}{b}+k(3i-1,3j-1)\frac{\lambda n\pi}{a}\cos\frac{n\pi y_i}{b}\Big]\theta_{y_j}$$

$$+\Big[k(3i-2,3j)\sin\frac{n\pi y_i}{b}+k(3i-1,3j)\frac{\lambda n\pi}{a}\cos\frac{n\pi y_i}{b}\Big]\theta_{x_j}\Big\}$$

$$+\frac{1}{2}\frac{D_{\mathrm{r}}\pi^4}{a^4}ab\Big[\frac{2}{\pi^2}u_{\mathrm{r}}\sum_m\lambda^2 mn(1-\cos m\pi)(1-\cos n\pi)a_{m0}+\lambda^4 n^4 a_{0n}$$

$$+ \frac{1}{\pi} \sum_m \lambda^2 n^2 \left( \frac{\lambda^2 n^2}{m} + u_{\mathrm{r}} m \right) (1 - \cos m\pi) a_{mn} \bigg]$$

$$= G_{\mathrm{r}} \frac{1 - \cos n\pi}{n\pi} + \sum_k \left\{ P_{0k} \left[ \frac{b(x_{2k} - x_{1k})}{n\pi} \left( \cos \frac{n\pi y_{1k}}{b} - \cos \frac{n\pi y_{2k}}{b} \right) \right] \right\} \tag{7-22}$$

$$+ \sum_1 P_1 \sin \frac{n\pi y_1}{b} + \sum_i \left[ \overline{P}_i \sin \frac{n\pi y_i}{b} + \overline{M}_{x_i} \frac{\lambda n\pi}{b} \sin \frac{n\pi y_i}{b} \right]$$

$$\sum_i \sum_j \left\{ \left[ k(3i-2, 3j-2) \sin \frac{m\pi x_i}{a} \sin \frac{n\pi y_i}{b} \right. \right.$$

$$+ k(3i-1, 3j-2) \frac{m\pi}{a} \cos \frac{m\pi x_i}{a} \sin \frac{n\pi y_i}{b}$$

$$\left. + k(3i-1, 3j-2) \frac{\lambda n\pi}{a} \sin \frac{m\pi x_i}{a} \cos \frac{n\pi y_i}{b} \right] w_j$$

$$+ \left[ k(3i-2, 3j-1) \sin \frac{m\pi x_i}{a} \sin \frac{n\pi y_i}{b} \right.$$

$$+ k(3i, 3j-1) \frac{m\pi}{a} \cos \frac{m\pi x_i}{a} \sin \frac{n\pi y_i}{b}$$

$$\left. + k(3i-2, 3j-1) \frac{\lambda n\pi}{a} \sin \frac{m\pi x_i}{a} \cos \frac{n\pi y_i}{b} \right] \theta_{y_j}$$

$$+ \left[ k(3i-2, 3j) \sin \frac{m\pi x_i}{a} \sin \frac{n\pi y_i}{b} \right.$$

$$+ k(3i, 3j) \frac{m\pi}{a} \cos \frac{m\pi x_i}{a} \sin \frac{n\pi y_i}{b}$$

$$\left. \left. + k(3i-1, 3j) \frac{\lambda n\pi}{a} \sin \frac{m\pi x_i}{a} \cos \frac{n\pi y_i}{b} \right] \theta_{x_j} \right\} \tag{7-23}$$

$$+ \frac{1}{2} \frac{D_{\mathrm{r}} \pi^4}{a^4} ab \left[ \frac{m^2}{\pi} \left( \frac{m^2}{n} + u_{\mathrm{r}} \lambda^2 n \right) (1 - \cos m\pi) a_{m0} \right.$$

$$\left. + \frac{\lambda^2 n^2}{\pi} \left( \frac{\lambda^2 n^2}{\pi} + u_{\mathrm{r}} m \right) (1 - \cos m\pi) a_{0n} + \frac{1}{2} (m^2 + \lambda^2 n^2) a_{mn} \right]$$

$$= G_{\mathrm{r}} \frac{(1 - \cos m\pi)(1 - \cos n\pi)}{mn\pi^2}$$

$$+ \sum_k \left\{ P_{0k} \left[ \frac{ab}{mn\pi^2} \left( \cos \frac{m\pi x_{1k}}{a} - \cos \frac{m\pi x_{2k}}{a} \right) \right. \right.$$

$$\left. \left. \times \left( \cos \frac{m\pi y_{1k}}{b} - \cos \frac{m\pi y_{2k}}{b} \right) \right] \right\} + \sum_1 P_1 \sin \frac{m\pi x_i}{a} \sin \frac{n\pi y_1}{b}$$

$$+ \sum_i \left[ \overline{P}_i \sin \frac{m\pi x_i}{a} \sin \frac{n\pi y_i}{b} + \overline{M}_{x_i} \frac{\lambda n\pi}{b} \sin \frac{m\pi x_i}{a} \cos \frac{n\pi y_i}{b} \right.$$

$$+ \overline{M}_{y_i} \frac{m\pi}{a} \cos \frac{m\pi x_i}{a} \sin \frac{n\pi y_i}{b}$$

　　求解这些线性方程组，可得位移参数 $a_0$，$a_1$，$a_2$，$a_{m0}$，$a_{0n}$ 和 $a_{mn}$，然后，将这些位移参数和上部结构与桩-土体系的结点坐标代入式（7-11），可求得位移矢量。当位移矢量得到后，筏板的结点力也可求得。

对于厚底板的箱形基础，采用等效刚度的筏基处理。

当引入 Mindlin（明德林）公式和选用有关参数时，能够计算桩筏基础变形的全过程。

## 7.3 上部结构与地基共同作用理论和方法在超高层建筑桩筏基础中的应用（一）

早在 2003 年已运用上部结构与地基基础共同作用的方法，对恒隆广场和金茂大厦进行分析以及对上海环球金融中心的基础性状进行预测[2,3]。现在重述计算结果的目的，在于阐明该方法的优越性，预测可行性，有利跟踪，保证建筑物安全。

### 7.3.1 实例一——恒隆广场

恒隆广场，66 层，高 288m，桩箱基础，箱底板厚 3.3m，灌注桩 $\varphi 800$，成孔深度为 81.5m，基坑深度 18.95m，桩数为 849，总荷载为 424500t（4245000kN），总平面图见图 1-12。计算桩筏基础沉降、桩顶反力筏板弯矩和应力。设计时，不考虑浮力，计算结果分别示于图 7-1、图 7-2 和图 7-3。

1）计算沉降

本次仅对 T1 塔楼（图 1-7）进行计算。按照有关参数，计算的沉降值见图 7-1。从图可见，计算的平均沉降比实测沉降大，这与不考虑浮力有关，但 T1 塔楼沉降尚未完全稳定，根据实测推算，预计稳定沉降为 70mm，因此，两者的差距会进一步缩小，相当接近。

2）计算桩顶反力

首先分析静载试验的结果，$\varphi 800$ 灌注桩试桩共 17 根。

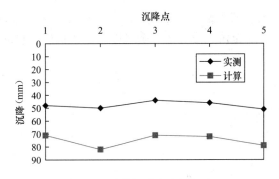

图 7-1 计算沉降与实测沉降

① 7 根：$L=81.71 \sim 82.04$m，承载力 105000～130000kN。

② 2 根：$L=80$m，70000～100000kN。

③ 8 根：$L=77.40 \sim 78.62$m，70000～130000kN。

从试桩结果可见，极限承载力波动很大，为安全起见，取设计承载力为 5000kN。T1 塔楼基底荷载 4245000kN，总桩数为 849 根。如果荷载全部由桩承担，平均每根桩承受 5000kN，正好与设计承载力相等。

但是，根据多年的研究成果，应该考虑水的浮力和箱基底板的分担。现利用最简单的实用公式计算桩承担的荷载 $P_p$：

$$P_p = P_t - (p_w + 5\% \sim 10\% p)A \tag{7-24}$$

式中　$P_t$——建筑物总荷载；

$p_w$——地下水浮力；

$p$——基底压力；

$A$——基底有效面积，等于基底面积减去桩的面积。

因此，把有关数据代入得

$P_p = 4245000 - (17.2 \times 0.98 + 5\% \times 117.17) \times 3196 = 3518920 kN$

即减少（$1 - 3518920/4245000$）$= 17.1\%$。

这个数字相当可观，也就是说，考虑水的浮力和基底土的分担，能减少 17.1% 的桩数。

这样，每根桩平均真正受力为 3518920/849＝4140kN。

按高层建筑与地基基础共同作用理论，计算角桩和边桩，即对应沉降点 1 号～5 号（图 7-1），此外，还有中心桩，结果见图 7-2。T1 塔楼周边的沉降相当均匀，也有些差别。从图 7-1 和图 7-2 可见，沉降大（沉降点 2 号和 5 号），桩顶反力小，沉降小（沉降点 1 号，3 号和 4 号），桩顶反力大。中心桩的反力小，正是说明 T1 塔楼中心点的沉降大（没有设沉降测点）。同时，说明 3.3m 厚的箱基并非绝对刚性。计算桩顶的角、边桩最大在 4700～5800kN，中心桩为 4500kN（图 7-2），这样，角、边桩的荷载比单桩容许承载力 5000kN（也是平均荷载）约大 16%，而中心桩约小 10%。这样，如果考虑水浮力和桩筏分担作用，平均荷载为 4140kN，设计将更为合理安全。

3）计算箱板的弯矩

T1 塔楼纵向中心线的弯矩见图 7-3，最大弯矩 $M_{max} = 6.7 MN \cdot m$，注意：为了与金茂大厦和上海环球金融中心统一比较，假设以 $M/W$ 估算，那么，应力超过 4000kPa，该值介于金茂大厦和环球金融中心的底板应力之间。

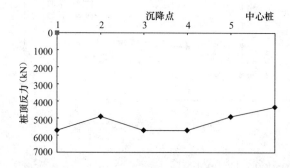

图 7-2 桩顶反力分布图（沉降点对应为角、边桩）

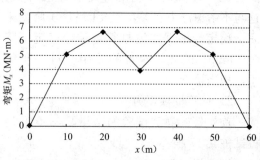

图 7-3 T1 塔楼纵向中心线的弯矩 $M_x$ 图

## 7.3.2 实例二——金茂大厦

金茂大厦，88 层，高 420.5m，桩筏基础，总荷载 3000000kN，面积 3519m²（59.32m×59.32m），筏厚 4.0m，桩数 429 根，桩长 83m，埋深 19.65m，有效桩长 63m，见图 7-4 主楼桩位图。平均桩土弹性模量 $E_0 = 33000 kN/m^2$。计算桩筏基础沉降、桩顶反力和筏板弯矩。设计时，因设置滤水层，不考虑浮力，计算结果分别示于图 7-5、图 7-6 和图 7-7。

1）计算沉降

图 7-5 的计算分两种情况：考虑浮力与不考虑浮力，实际上不考虑。因此，计算沉降比较大些。而从 1995 年开始测量沉降，至今有 15 年，核心筒中心实测最大稳定沉降为 85mm，比计算沉降小。

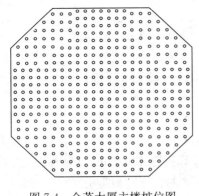

图 7-4　金茂大厦主楼桩位图

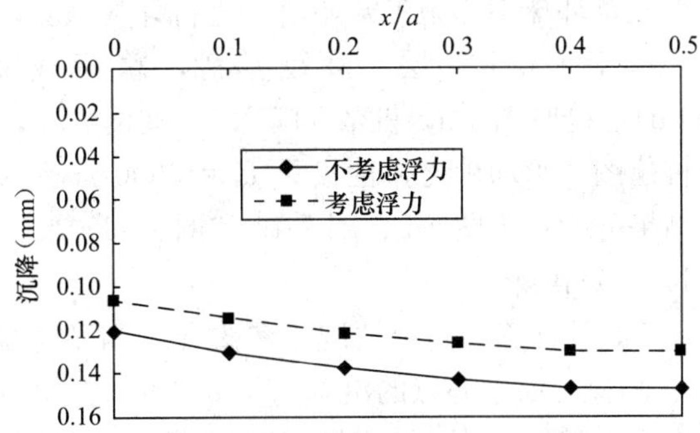

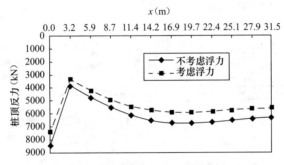

图 7-5　金茂大厦桩筏基础的中轴线沉降

2）计算桩顶反力

计算桩顶反力时，也采用考虑和不考虑浮力两种情况，计算结果见图 7-6。最大桩顶反力为 8500kN，比桩容许承载力 7500kN 大 13％。

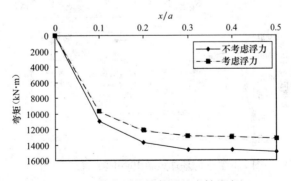

图 7-6　金茂大厦桩筏基础的中轴线桩顶反力

3）计算筏板弯矩

计算筏板弯矩时，也采用考虑和不考虑浮力两种情况，计算结果见图 7-7。筏板最大弯矩为 15.0MN·m，同样，假设以 $M/W$ 估算，那么，应力略超过 4500kPa，该值比恒隆广场稍大些。

图 7-7　金茂大厦桩筏基础的中轴线弯矩

## 7.3.3　实例三——上海环球金融中心

为了保证整个大楼施工过程顺利而安全，除了加强测试分析，还要进行理论分析预测。因此，环球中心施工开始时，进行计算预测。

环球中心，101 层，桩筏基础，总荷载 4400000kN，面积 6200m² （78.74m × 78.74m），筏厚 4.5m，桩数 1177 根，桩长 78m，埋深 18.45m，有效桩长 60m，见图 7-8 主楼桩位图。平均桩土弹性模量 $E_0 = 3500t/m^2$。计算桩筏基础沉降、桩顶反力和筏板弯矩，结果分别示于图 7-9、图 7-10 和图 7-11。

1）计算沉降

图 7-9 的计算分两种情况：考虑浮力与不考虑浮力，实际上考虑 60%。2008 年 4 月 13 日实测核心筒中心点的沉降为 126.3mm，非常接近计算沉降 130.0mm（取考虑与不考虑浮力的中间值）。因此，计算相当准确，可说明计算方法的合理性和实用性。

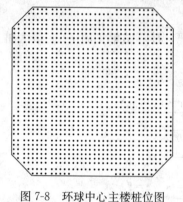

图 7-8　环球中心主楼桩位图

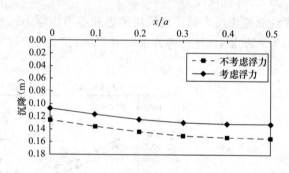

图 7-9　上海环球金融中心中轴线沉降

2）计算桩顶反力

图 7-10 计算桩顶反力时，分两种情况：考虑浮力与不考虑浮力，实际上考虑 60%。2008 年 9 月 16 日实测核心筒中心点的桩顶反力为 1215kN（计算桩顶反力为 3000kN），实测筏基外筒边缘的桩顶反力 Z10 为 5490kN（计算桩顶反力为 5500kN）。因此，计算相当准确，可说明计算方法的合理性和实用性。

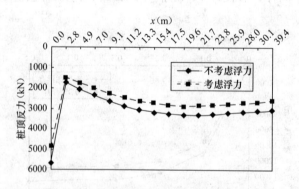

图 7-10　上海环球金融中心中轴线桩顶反力

3）计算筏板弯矩

计算筏板弯矩时，也采用考虑和不考虑浮力两种情况，计算结果见图 7-11。筏板最大弯矩为 15.0MN·m，同样，假设以 $M/W$ 估算，那么，应力略超过 2700kPa，该值比恒隆广场的小。

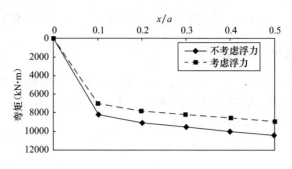

图 7-11　上海环球金融中心中轴线弯矩

# 7.4 上部结构与地基共同作用理论和方法在超高层建筑桩筏基础中的应用（二）

在引言已指出：7.3 节为简化起见，不考虑桩土分担作用，地基土的弹性模量采用 3 倍压缩模量，当作均质土计算分析；本节与 7.3 节不同之处有两点：①考虑上部结构共同作用，②考虑开挖基坑引起回弹的影响。这样，计算能够接近实际情况。

## 7.4.1 环球金融中心计算采用的参数

计算时，取桩的弹性模量 $E_p=2.8e7kN/m^2$，泊松比 $\nu=0.17$；取土弹性模量 $E=3E_s=3.5e4kN/m^2$，泊松比 $\nu=0.4$。筏板的单元划分计算剖面以及分析点见图 7-12。

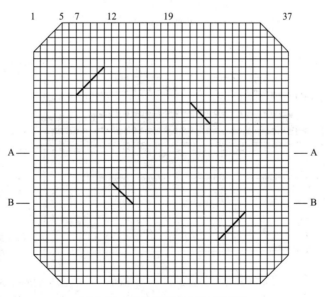

图 7-12　桩筏基础单元划分平面

需要说明：本工程 90 层以上的结构较为复杂，本部分的计算分析，限于 90 层以内，相当施工为 2007 年 6 月 12 日。

计算桩筏基础的地基变形、桩顶反力和筏板弯矩三个方面随层数的变化结果见下述。

## 7.4.2 地基变形随建筑层数的变化

1) 从图 7-13 和图 7-14 可见，无论 A-A 还是 B-B 剖面，地基变形随建筑层数的变化形状与实测结果（图 1-21 和图 1-22）相当相似，尤其是有几个很接近实测的数据。

今以图 7-13 和实测数据相比：

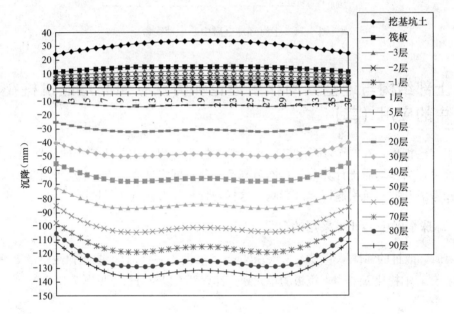

图 7-13　A-A 剖面地基变形随建筑层数变化

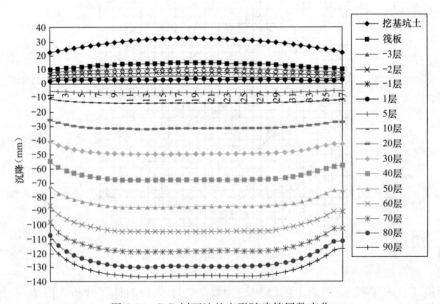

图 7-14　B-B 剖面地基变形随建筑层数变化

① 本次计算基坑隆起量约 33mm，实测为 30mm（按统计-经验公式计算为 27.7mm）；

② 本次计算的地基变形接近水平面在地面上 F1～F5，实测的在地面上 F2～F4。

但是，计算到达 90 层时，核心筒中心点 A19（图 7-14）计算沉降略超过 130mm，而相应实测沉降为 95.17mm（2007 年 6 月 12 日），见图 1-9，计算沉降比实测的大，因沉降尚未稳定。如果按照金茂大厦近 15 年的沉降测量经验推算，相应 90 层的计算沉降与实测沉降是很接近。

2）从图 7-15～图 7-18 可见，无论 A-A 还是 B-B 剖面中 A-7、A-12 和 A-19，B-7、B-12 和 B-19 的地基变形随建筑层数的变化形状是接近的，而 A-1 和 B-1（处于边上的点）的地基变形随建筑层数的变化形状也是接近的，只是沉降值小些，由此可见计算是比较合理的。

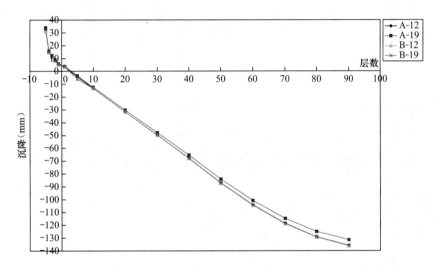

图 7-15　点 A-12、A-19、B-12、B-19 地基变形随建筑层数变化

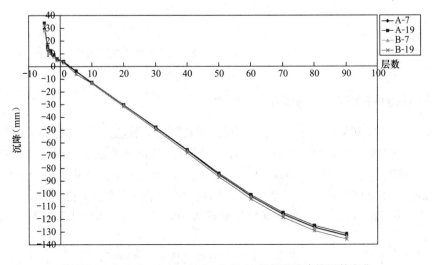

图 7-16　点 A-7、A-19、B-7、B-19 地基变形随建筑层数变化

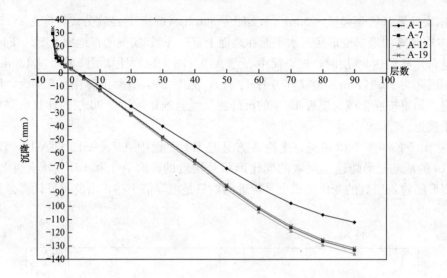

图 7-17　A-1、A-7、A-12、A-19 地基变形随建筑层数变化

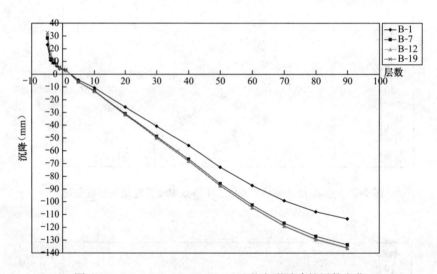

图 7-18　B-1、B-7、B-12、B-19 地基变形随建筑层数变化

### 7.4.3　桩顶反力随建筑层数的变化

1）从图 7-19 与表 3-7 和表 3-8 的实测反力对比可见，核心筒中心桩点 A-19 的桩顶反力为 2600kN（相当实测桩 Z1＝1437kN）在 90 层时的桩顶反力最小，点 A-1 的桩顶反力为 4500kN（相当实测桩 Z10＝4585kN）的反力最大，而点 A-7 的桩顶反力为 3000kN（相当实测桩 Z8＝3511kN）。因此，只是中心点定性方面是相应，而计算桩点 A-1 和点 A-7 与实测桩的 Z10 和 Z8（见表 3-7 的桩顶反力的最大值，2007 年 7 月 21 日）反力值是很接近的。

2）图 7-20，因没有实测桩顶反力可比，定性方面难于判断的。

3）从图 7-21 和相应实测桩顶反力图（图 3-13，图 3-12 和图 3-3）可见，点 A-7（相当实测桩 Z8，图 3-13）、点 A-12（相当实测桩 Z7，图 3-12）、两者之间，均有相似之处，而点 A-7 和相当实测桩 Z8，点 A-12 和相当实测桩 Z7 较为接近。

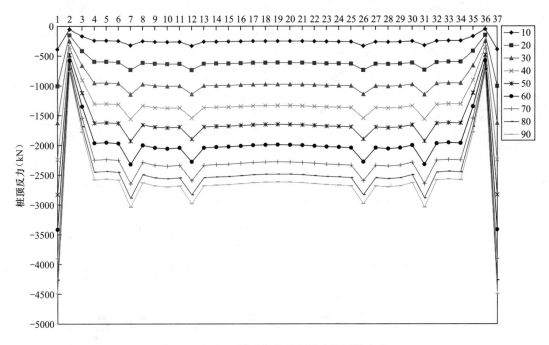

图 7-19 A-A 剖面桩顶反力随建筑层数变化

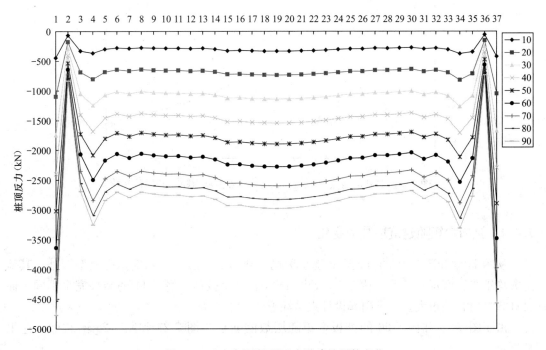

图 7-20 B-B 剖面桩顶反力随建筑层数变化

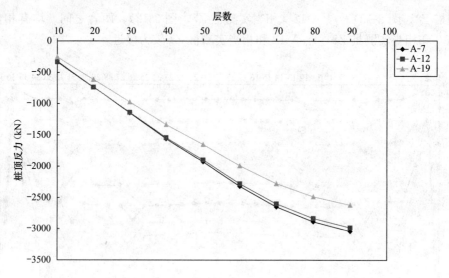

图 7-21 A-A 剖面点 A-7、A-12、A19 桩顶反力随建筑层数变化

4）图 7-22 因没有实测桩顶反力可比，定性方面难于判断的。

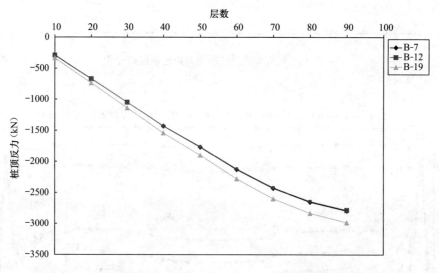

图 7-22 B-B 剖面点 B-7、B-12、B-19 桩顶反力随建筑层数变化

### 7.4.4 筏板弯矩随建筑层数的变化

从图 7-23 和图 7-24 的筏板弯矩随层数的变化可见，除了在内筒承受负弯矩外，其他地方均承受正弯矩，最大值达 30000kN·m/m。这个数值与图 7-11 的结果完全不同，而且计算差值相差很大。应予引起设计人员注意。

由于图 7-25 和图 7-26 的筏板弯矩随层数的变化与图 7-23 和图 7-24 的相似，这里从略。

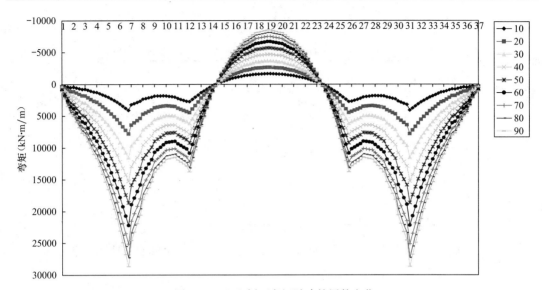

图 7-23 A-A 剖面弯矩随建筑层数变化

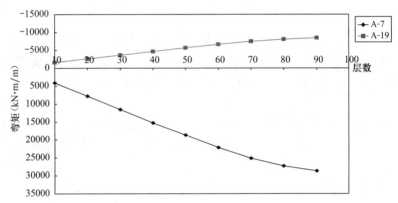

图 7-24 A-A 剖面最大正弯矩点 A-7 和最大负弯矩点 A-19 弯矩随建筑层数变化

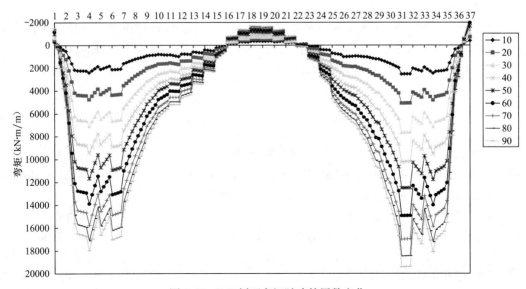

图 7-25 B-B 剖面弯矩随建筑层数变化

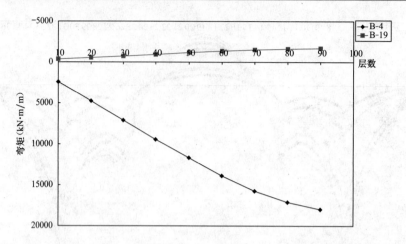

图 7-26　B-B 剖面最大正弯矩点 B-4 和最大负弯矩点 B-19 弯矩随建筑层数变化

## 7.5　结论

通过 7.4 节与 7.3 节的对比以及和实测结果的对比分析，可得以下结论：

（1）采用 7.4 节方法计算分析上海环球金融中心桩筏基础，能够考虑地基变形的三个阶段——隆起、接近水平和沉降以及上部结构刚度的影响，是一个带有突破性的计算分析方法。

（2）采用 7.4 节计算三个阶段的地基变形与实测地基变形结果有较好的吻合性，而且，与施工阶段相应。同时，采用 7.3 节方法得到的结果与实测沉降也很接近。

（3）采用 7.4 节方法计算桩顶反力与实测桩顶反力很接近，而采用 7.3 节方法得到的结果则有一定的差异。

（4）采用 7.4 节方法计算筏板弯矩与不考虑回弹和结构刚度的计算结果有很大差异，应引起设计人员注意。

总之，7.4 节是一个带有突破性的初步成果，为超高层建筑桩筏基础设计改革指明方向。但是，尚需今后作进一步深入研究、改进和完善，以期达到应用的目的。

最后指出：对于长短桩结合的桩筏基础，7.4 节的理论和方法仍可适用，见文献［8］论述。

## 参 考 文 献

［1］ Zhao XH. et al. Theory of Design of Piled Raft and Box Foundation for Tall Buildings in Shanghai (Enlarged edition in English , 1998), Tongji University Press.

［2］ 龚剑. 上海超高层建筑超大型建筑基础和基坑工程的研究与实际［D］. 上海：同济大学，2003.

［3］ 龚剑，赵锡宏. 对 101 层上海环球金融中心桩筏基础的性状分析. 岩土力学，2007，28（8）：337-342.

［4］ 包彦. 带裙房高层建筑与地基基础共同作用的理论应用与工程实践研究［D］. 上海：同济大学，2003.

［5］　赵锡宏，龚剑，张保良. 上海超高层建筑超长桩超厚筏（箱）基础共同作用理论与应用. 中国超高层建筑建造技术国际会议，上海，2006 年 5 月.

［6］　徐至钧，赵锡宏主编. 高层建筑设计与施工. 科学出版社，2009.

［7］　史佩东主编，高大钊，刘祖德，桂业琨，赵锡宏，曲乐副主编. 桩基工程手册，北京：人民交通出版社，2013.

［8］　Tang YJ and Zhao XH. 121-story Shanghai Center Tower foundation re-analysis using a compensated pile foundation theory ［J］. Journal of Structural Design of Tall and Special Buildings，2013，DOI：10. 1002.

# 8 总 结 论

在第 1 章引言中已经明确指出：变形（回弹和沉降）分析对于超高层建筑 101 层上海环球金融中心的测试研究至关重要。通过变形的有效数据，可以跟踪沉降的变化，预测大楼的安全；同时，借助变形的分布可以分析上部结构刚度对基础刚度的贡献，分析基础内力的变化，分析桩基的反力变化，分析土压力以及巨型柱受力的变化。因此，变形数据的准确和有效性非常重要，必须高度重视。

根据这个思路，考虑地基变形、土压力、桩顶反力和钢筋应力等问题互相交错影响，把这些问题联系起来，对环球中心桩筏基础现场测试的综合研究作出一些有益的结论。

下面概括性论述八个问题：

（1）基坑回弹的影响；（2）沉降研究的作用；（3）基底土压力的研究；（4）桩顶反力的研究；（5）筏板钢筋应力研究；（6）结构刚度对基础刚度的贡献及其有限性；（7）统计、经验、对比和综合分析法的重要性；（8）结束语——5 个可行而实用的成果。

## 8.1 基坑回弹的影响

对于环球中心深达 18.65m 的基坑，设计为直径 100m，在基坑施工前，采用共同作用组的"基坑围护工程设计与计算超明星软件（SUPER-STAR Ver. 1.0)"计算基坑中心回弹为 30mm，之后，又采用统计-经验公式计算，回弹为 27.7mm，实测结果：坑底的最大回弹 $S_H = 32.0$mm，平均为 27.5mm，可看出软件和统计-经验公式均合理、实用。由于某种原因，基坑开挖完成后相隔一段时间，然后进行基础施工。

影响回弹量大小的因素有：基坑平面与深度、基坑底的地基条件、桩的类型和打桩引起土体的扰动程度、降水的时间、挖土的方法与顺序、开挖基坑后的暴露时间等。回弹的大小影响着今后基础的沉降和桩的上拔力等，因此，基坑开挖后应尽早浇筑底板混凝土。

对于深埋基础，由于开挖基坑的卸载引起基坑底土的回弹，而回弹完成要经过一定时间，有的开挖后，随即基础施工，再压缩变形会小些，有的开挖后，相隔时间长些，然后基础施工，这样，再压缩变形会大些，这是一般的回弹与再压缩的概念。对本工程而言，基坑土的自重压力为 322kPa，占设计建筑物总压力的 46.8%。内筒中心点 1 在土的自重压力完成时的沉降量（即再压缩变形）为 18.48mm，故再压缩变形大，比金茂大厦的再压缩变形也大些。本工程基础平面近似为正方形 78.74m×78.74m，中心回弹大，四周小，故在施工开始阶段的变形（回弹）剖面为倒锅形。

**环球金融中心内筒各测点沉降（mm）**　　　　　　表 8-1

| 测次 | 1 | 4 | 5 | 说明 |
|---|---|---|---|---|
| 日期 | 2005/02/01 | 05/29 | 07/18 | |
| 测点 1 | 0 | 13.89 | 18.48 | 中心点 |
| 测点 2 | 0 | 13.92 | 20.43 | 内筒 |

续表

| 测次 | 1 | 4 | 5 | 说明 |
|---|---|---|---|---|
| 日期 | 2005/02/01 | 05/29 | 07/18 | |
| 测点 3 | 0 | 14.13 | 18.97 | 内筒 |
| 测点 4 | 0 | 15.58 | 20.12 | 内筒 |
| 测点 5 | 0 | 13.66 | 19.87 | 内筒 |
| 施工 进程 | 大底板 完成 | B1 结构 完成 | F2 结构 完成 | |

从图 1-21 和表 8-1 可见，在自重应力阶段，基础沉降呈倒锅形。这种倒锅形回弹对相应的基底土压力、桩顶反力、筏板应力的影响，相当显著，现归纳如下：

1）基底土压力——见图 2-18 的 9 条曲线和图 2-1 的测点位置，内筒中心测点 TY1 的土压力在测点 TY1～TY9 中为最大，只有离测点 TY1 很近的测点 TY2 的土压力，与其数值相当。为什么测点 TY1 土压力最大呢？道理很简单，基底土有一个向上的回弹力，上面有向下的施工荷载引起的土压力，两者相加，不是相减，故测点 TY1 土压力比之其他测点的土压力大。

2）桩顶反力——由于基底内筒中心有一个向上的最大的回弹力，那么，相应的内筒中心的桩测点 Z1 产生一个上拔力，即拉力，见图 3-9 中 2005 年 3 月 16 日～2005 年 5 月 8 日相应的拉力，很明显，沿 Y 钢筋方向的测点 Z1～Z5（见图 3-1 的测点位置）中 Z1 桩顶反力为最小，Z2 次之，Z3 又次之。顺便一提，它与土压力相加的情况刚好相反。

3）筏板钢筋应力——相应内筒中心的筏板钢筋应力测点 DG1 的筏板底层的拉应力为最小，而顶层的压力增大？见图 4-12 和图 4-6 及图 4-1（位置）。如何解释呢？可参阅前面的图 1-21 环球中心 W-E 沉降剖面图。在沉降剖面形成倒锅形阶段，就是产生倒拱作用，原来筏板底层设计受拉，顶层受压，现在变成全部受压，因此，底层产生很小的拉应力或压应力，而顶层的压应力增大或减少。

由此可见，研究深埋基坑的回弹对改进桩筏基础设计具有重要意义。

但是，随着施工荷载的增加，沉降剖面将变形接近水平面，再变为正锅形，这使得土压力、桩顶反力和钢筋应力的定量分析更为复杂。

## 8.2 沉降研究的作用

沉降研究一向为工程界所重视，过去，对金茂大厦变形剖面既是倒锅形，又是正锅形，难于解释。现在，有了环球中心的从测量开始直至结束的全部测量资料，如获至宝。通过完整的资料加以论证，更有基础刚度的理论公式的验证，这样，从实践和理论的完整的论证，可以充分说明 4.0m 筏厚、420.6m 高的金茂大厦和 4.5m 筏厚、492m 高的环球中心的桩筏基础均是一个弹性体，这是一个重大发现和巨大贡献，对进一步改革桩筏基础设计提供有利根据。

另一个重要问题，就是根据弹性体理论，可以研究桩筏基础从基坑开挖直至建筑物竣工的整个施工全过程的受力状态，提出相应的桩筏基础的设计理论和方法，即本书 7.4 部分。

## 8.3　基底土压力的研究

首先，对深埋基坑的土的自重压力要有足够的认识，因为像本工程的基坑的土的自重压力占建筑物总荷载的 46.8%，这么大的土的自重压力要有多少施工荷载才能够补偿呢？这个土的自重压力阶段能起多少作用呢？现在，越来越受到重视。

(1) 在此阶段中，浇筑约 40000m³ 混凝土，测点 TY1～TY3 土压力分别占筏板重量的 65.8%、68.3%和 53.2%，说明此时基底压力主要由基底土承担。当地下室完成时又占建筑物总压力 710kPa（＝4400000kN/6200m²）的 24.5%、24.8%和 20.6%，这个数值相当可观。这个可视为恒值的土压力，持续到建筑物竣工。它与长峰商场（60 层，桩长 72.5m，基坑深 18.95m）的实测结果很类似，因此，再次证明，土能分担建筑物荷载是客观事实，尤其是深埋基底土能承受较大的土压力，有别于浅埋基底土的承载力。

(2) 从土压力随时间的变化规律的分析，有助于判断结构刚度对基础刚度的贡献。当仔细观察图 2-15～图 2-17 在 2005 年 07 月 17 日间，相当地面上 F2 和 F3，即完成土的自重阶段之时，不难发现均有一个转折点；图 2-19～图 2-21 在 2005 年 07 月 17 日后的断面土压力随时间变化曲线基本相同。从这个侧面，可判断结构刚度对基础刚度的贡献。

(3) 为简便和实用起见，考虑土压力存在的客观事实，而目前桩筏基础设计尚未考虑，同时，为安全计，深埋基础的浮力，像本工程仅取 60%浮力，因此，建议今后超高层建筑的深埋基础，在上海地区，既是上海中心已考虑 80%浮力，那么，设计时可考虑 80%以上的浮力（包括考虑土压力）。

## 8.4　桩顶反力的研究

对设计人员来说，像环球中心这样有规则基础形状的桩筏基础，确定基础厚度变化，对在基础周边安排较短的桩及桩顶反力的分布是一个关键。从图 3-19 和表 3-5 可知。

测试桩的桩顶反力与同济大学高层建筑与地基基础共同作用课题组获得的一般规则平面的桩顶反力的变化规律，即式 (3-1)，基本吻合。对本工程桩顶反力的最大值为处于外筒内巨型柱桩 Z4，其值为 5081.1kN，比之桩的容许承载力 4300kN 大约 20%。虽然在 30%范围内，也应引起设计人员注意。

同时，基坑回弹力引起的桩的上拔力的确存在，但是，它对整个工程来说是有利的，见 8.1 节。

## 8.5　筏板钢筋应力研究

(1) 钢筋应力

设计桩筏基础另一个关键问题就是设计的筏厚度会不会引起裂缝。因此，表 4-1 汇总了国内高层建筑和超高层建筑的桩筏（箱）基础的实测应力，同时也提供在美国休斯敦市 52 层独特壳体广场（One Shell Plaza）的筏基钢筋应力的实测数据，最高应力出现在刚性筒体边缘处，钢筋应力的最大值达 110MPa，为本工程实测借鉴。然后，表 4-5 汇总环球中心的在基础各个部位的最大应力，在 11 个钢筋应力测点中，有 4 个测点的钢筋应力超过独特壳体广场纯筏基的最大应力 110MPa，这 4 个测点 DG5、DG6、DG10 和 DG11 的位置均处在外框筒和巨型柱上，应力分别为 120MPa、150MPa、140MPa 和 180MPa，尽管比设计的钢筋容许应力小，应引起设计人员重视。

核心中心 DG1，一般承受筏板的最大弯矩，但是，所处位置的筏厚最大为 12.04m，筏板的刚度最大，同时，受到基坑最大回弹引起的倒拱的影响（第 8.1 节），因此，该处顶板 DG1 的钢筋最大压应力仅为 100MPa。

内、外框筒上的 DG3 和 DG5，均位于框筒的巨型柱上，但厚度不同，前者只有 2m，后者 7.30m，前者受到结构刚度影响很大，应力发生符号的质变，（中和轴上移）应力低，在 30MPa 以内，而 DG5 的压应力高，达 120MPa。

对于处在外筒的 DG6、DG10 和 DG11 的应力显然不同，底层的最大拉应力均在 140～180MPa；顶层的压应力分别仅为 80MPa、65MPa 和 45MPa。

（2）筏板厚度

测点 DG1、DG2、DG4、DG7 和 DG8 的筏板厚度一样，均为 12.04m，因此，不论测点所处的位置在内部、角点和框筒的边中点上，其顶层的最大压应力相差不大，分别为 100MPa、110MPa、90MPa、90MPa 和 110MPa。如上所述，在外框筒内的巨型柱上 DG5，筏厚 7.30m，也能控制压应力为 120MPa，由此可知，筏板厚度是控制应力的重要因素。

这里要特别指出：这些测点的筏厚为 12.04m 的底层拉应力均在 30MPa 左右。而筏厚 7.30m 的 DG5，拉应力可控制在 50MPa。

另外一个很重要的也是筏厚问题，在外框筒的测点 DG6、DG10 和 DG11 的筏厚为 4.00m～4.50，而钢筋拉应力仍然达 140～180MPa，应引起设计者的高度重视。

应予指出，目前只靠规范确定厚度问题是不大合理的，现通过测试，显得试验的重要性，同时，理论上的研究也是很重要，就是说，理论、试验和设计三者结合研究才是确定筏厚的最佳途径。

（3）季节性温度的影响

从表 4-3 和表 4-4 的汇总数据可见，在 2005 年、2006 年、2007 年和 2008 年的 2 月和 7 月间的应力的增减，相差不大。以两表中的顶层 DG1-X2～DG11-X2 压应力的数据变化最为明显，到 2007 年 2 月和 7 月间的应力，其中，有的比之前两段时间的应力最大相差 20% 左右。因此，季节性温度的影响告诉我们，一方面，说明结构刚度的影响比较明显和有限，另一方面，有可能的条件下增加 20% 以上的储备量以满足设计应力的要求。

从表 4-5 可见，对外框筒的应力最大处应加强配筋。

# 8.6 结构刚度对基础刚度的贡献及其有限性

任何一个物体，当它成为固体时就有一定的刚度，对于桩筏基础，筏板浇筑后形成像一张密布脚的桌（台）子的空间结构，其刚度可以基础刚度公式计算或子结构方式表示，此时，以承受竖向荷载为例；当地下室和地面一定层数完成后，其空间结构刚度将加大，以子结构方式表示，针对对应的自重压力阶段的结构刚度的影响进行研究。

本工程的基坑土的自重压力占建筑物总压力的 46.8%。在此阶段，以上各类问题：沉降、土压力、桩顶反力、筏板钢筋应力、筏板混凝土应力等各自反映结构刚度对基础刚度贡献的特点。

（1）沉降——在图 1-21 中的三个阶段：倒锅形变形剖面——近似水平线形剖面——正锅形沉降剖面，从第二阶段转变为第三阶段的长期性，可充分说明结构刚度的贡献和刚度的有限性。

（2）土压力——从 2005 年 4 月 24 日～8 月 28 日间（图 2-14），此时相应 F4～F5 结构完成，处在土的自重压力阶段，土压力测点 TY1～TY9 开始各有一个高峰值（图 2-18），随后土压力数值变化不大，由于基坑地下连续墙爆破，震动引起土的松动与压密，土压力有所降低，以后随时间而增加，大多数基本上与高峰值相当，也有大些。再观测图 2-15～图 2-17，可以进一步说明上部结构（包括地下室结构）刚度已经基本形成，也说明其对基础刚度贡献的有限性。

（3）桩顶反力——与沉降类似，当接近或等于土的自重阶段时，见图 3-19，2005 年 6 月 5 日（相应地面 F1 结构完成）～2006 年 2 月 26 日（基坑地下连续墙爆破前），几乎 12 个测点的桩顶反力随时间以等速率和同形状地增长，特别是 2005 年 11 月～12 月间的一次桩顶反力变化也相似。但是，从爆破后 2006 年 7 月 2 日，桩顶反力变化有些不同。前者反映结构刚度的贡献的影响，后者表明结构刚度的有限性。

（4）筏板钢筋应力——从图 4-12 和图 4-20 可见，当施工进入土的自重压力阶段，2005 年 7、8 月间有第 1 个钢筋应力高峰值，随后变化不大，表明结构刚度对基础刚度的贡献形成的结果；直至基坑地下连续墙爆破后，尽管结构层数增加，然而，钢筋应力有升有降，这说明结构刚度的有限性。

由此可见，从沉降、土压力、桩顶反力和钢筋应力四个方面说明结构刚度的贡献的形成和影响及有限性。同时，进一步说明土的自重压力阶段的重要性，应引起设计人员的重视，改进桩筏基础的设计。

## 8.7 统计、经验、对比和综合分析法的重要性

土木工程是一门半理论半经验的学科，通过本工程的现场测试的全面研究，可获得各个部分，包括沉降、土压力、桩顶反力、筏板钢筋应力和结构刚度对基础刚度的贡献等可喜的成果，而这些成果均运用统计、经验、对比和综合分析法得到。现仅举一例，如沉降就是最为明显的论证——厚筏的桩筏基础是一个弹性体；其次，就是预测沉降和最终沉降的方法，它既有实测数据，又有理论论证。

## 8.8 结束语

概括 5 个可行而实用的成果作为上海环球金融中心桩筏基础现场测试研究的结束语：

（1）通过金茂大厦和上海环球金融中心的实测数据可证明：即使像金茂大厦和上海环球金融中心的筏厚为 4.0 和 4.5m 的基础，仍然是一弹性体（6m 筏厚的上海中心大厦的桩筏基础实测数据同样验证是弹性体），筏板变形可以从倒锅形隆起面变为水平面，最后

变为正锅形沉降面。另一方面，从理论公式计算结果也证明这样厚的筏板不是绝对刚性；另外，以弹性理论为基础的高层建筑与地基基础共同作用理论和相应分析方法，计算得到的金茂大厦和上海环球金融中心的基础形状与实测结果基本相符。这样，为桩筏基础设计与计算指明改革方向，可以采用同济大学高层建筑与地基基础课题组在 20 世纪提出的高层建筑与地基基础共同作用理论和相应分析方法进行桩筏基础计算，这是一个突破性的论证和成果。今后，可以此为基础，对高层建筑的厚筏的桩筏基础变形三阶段进行计算与分析（参考第 7 章论述）。

（2）通过上海环球金融中心的实测数据和国内相关的实测数据可证明：上部结构刚度包括地下室的结构刚度对基础刚度的贡献及其有限性。可以采用高层建筑与地基基础共同作用相应如下的公式和方法。

1）计算公式

$$([K'_B] + [K_r] + [K_{ps}])\{U_B\} = \{S_B\} + \{P_r\}$$

式中　　$[K'_B]$ 和 $\{S_B\}$——上部结构刚度贡献层数和地下室结构层数凝聚后的等效边界刚度矩阵和荷载列向量；

$[K_r]$——基础底板的整体刚度矩阵；

$[K_{ps}]$——桩土体系共同作用的刚度矩阵；

$\{U_B\}$——等效边界位移列向量；

$\{P_r\}$——基础底板本身所受的节点力列向量。

求解该方程可得 $\{U_B\}$，然后采用反代法求桩筏基础的沉降、筏板弯矩和桩顶反力等。需要指出：关于结构刚度的贡献层数的确定，如上所述，除了地下室层数外还加上地面 4 层。为安全起见，可考虑方程式的左边的 $[K'_B]$ 的层数减 1 层，而右边的 $\{S_B\}$ 的层数加 1 层的荷载。这个方程式主要解决筏板的设计问题。

2）通常的设计方法

按照土的自重应力阶段相应的层数和荷载设计筏板问题。为安全起见，计算结果乘以一个补偿安全系数，例如，1.2～1.3。因为过了自重应力阶段，筏板的钢筋应力可能会比自重应力阶段增长 20%。这是针对筏板的钢筋应力而言。

以上两种方法可以互相验证，以获得最佳的设计，在钢筋应力较大部位，适当加大配筋，防止混凝土开裂。

可以这样认为：这是一项突破性的成果，也是一个从量变到质变的漫长过程。这几个特点可为基础设计理论改革创新创造极其有利的条件。我们一直关注和研究这个问题，例如，早已通过采用高层建筑与地基基础共同作用理论计算上海恒隆广场（66 层）、上海金茂大厦（88 层），及预测上海环球金融中心（101 层）的基础应力进行论证。但是没有现场实测资料进行论证，现在，有了以上汇总的现场实测数据，还有世界最高的超过 800m 的阿联酋迪拜大楼，其基础厚度只有 3.7m，为什么？这是一个严峻的挑战。如今有了上部结构刚度贡献的定量参考数据，可不难解决筏厚的重大问题，而且，该问题正在解决中。

（3）桩顶反力分布是桩筏基础设计的一个重要问题，环球中心实测结果（表 3-5）再次表明：测试桩的桩顶反力与同济大学高层建筑与地基基础共同作用课题组在 20 世纪 80 年代提出的一般规则平面的桩顶反力的变化规律基本吻合，见式（3-1）。这个成果一直为同行引用。

可否这样认为：对于一般规则平面和布桩的桩顶反力分布规律的定量确定，可以由式（3-1）求得，以供今后类似超高层工程借鉴。

至于长短桩结合并用的上海中心的桩筏基础设计参见第 7.4 节及文献［8］。

（4）对上海环球金融中心桩筏基础的上部结构与地基基础共同作用理论计算分析方法，能够考虑地基变形三个阶段——隆起变形、接近水平变形和沉降以及上部结构刚度的影响，计算得到的三个阶段的地基变形与实测地基变形结果有较好的吻合性，而且，与施工阶段相应，可认为是一项带有突破性的初步成果，为超高层建筑桩筏基础设计改革指明方向。但是，尚需今后做进一步深入研究、改进和完善，以期达到应用的目的。

（5）实践已经验证，统计-经验公式预估沉降和回弹、能量恒等方法和变形-时间变化曲线预计回弹是可行而实用。

总之，我们认为，本书简单地回顾国内外、主要是上海桩基的历史经验与教训，比较系统地汇总上海环球金融中心的实测资料和上海中心大厦的一些资料，相当详细地分析实测数据，客观科学地提出定量或定性的论断，可视作高层和超高层建筑桩筏基础设计的一份宝贵永恒的财富，同时，它已对上海中心桩筏基础的设计与施工起到有益的借鉴作用。

根据现场测试结果和工程经验，对本工程的评议是：沉降比较均匀，预估最大稳定沉降值约为 17cm，在容许沉降值 20cm 以内，桩顶反力和钢筋应力也均在容许值范围内，故工程是安全的。遗憾的是：由于测试设备和元件被毁，未能获得深埋基础抵抗飓风引起倾覆力矩的数据。深埋基础对抗风引起倾覆力矩的重要性和计算方法见第 3 章的附录。

最后，提出值得进一步思考的问题：根据地基变形机理，需要研究挖土引起的回弹和再压缩，见图 1-2 实测基础变形-时间的全过程示意，一般而言，可以不考虑。但对像上海中心大厦的基坑深达 31.2m，圆拱直径超过 100m，插入比较小的情况，回弹较大，如果考虑以开挖时的标高作为测量变形的起点，那么，再压缩后，两者相减，此时变形小，今后的测量变形相对现在测量的标准要做相应改变。此外，考虑开挖基坑后停止降水引起的变形，如图 1-2 所示，在上海中心大厦的变形-时间变化曲线较为突出，在施工过程中应予注意。

# 9 上海环球金融中心基础测试方案、实施与体会

现场测试是一项既重要又艰苦的研究工作，获得的数据，可以检验设计，提高水平，同时，可以指导施工。当现场测试研究结束之时，就是测试成果成为永恒财富的开始。

以上海环球金融中心为例，说明现场测试的准备、实施和结束的总过程，此外，略述一点现场测试的难忘回忆，供今后类似工程参考。

本工程由上海中浦勘查技术研究所负责埋设和测试，同济大学艾智勇教授拟订方案规划，赵锡宏教授为技术顾问。现场测试于 2004 年 12 月 17 日晚凌晨开始。在现场参加准备的人员有：上海中浦勘查技术研究所袁家余总工和所工作人员，同济大学赵锡宏、袁聚云和艾智勇三位教授，上海建工集团周虹副总以及仪器公司的代表等人。

## 9.1 工程概况

当时（2004 年），世界高层建筑第二高度当推台北 101 大楼，地下 5 层，地上 101 层，通信塔顶高 508m，楼顶高 448m。

上海环球金融中心（简称环球中心）也是 101 层，高度 492m，实际的建筑高度要比台北 101 大楼高，地下室 4 层，裙房 5 层，裙房地下室 3 层。旁边为 88 层、高 420.6m 的金茂大厦。

1997 年，环球中心的所有 $\varphi$700 钢管桩和试桩均已完成，原计划 2005 年竣工，后因亚洲金融风暴停工。2004 年复工，层数和高度有所改变，补打 240 根钢管桩。在投标时，基坑工程已竣工，桩筏基础，基础面积为 6200m$^2$，桩长约 80m，1177 根桩，筏厚一般为 4.5m，基础埋深 18.45m，建筑设计总荷载达 4400000kN，每根桩平均荷载为 3738kN。

环球中心的地质概况见表 0-1，除了缺少第 8 层外，与金茂大厦的场地条件基本相似。

## 9.2 测试重要性、目的及内容

### 9.2.1 测试重要性

不言而喻，这是一项比之第一次对上海的超高层建筑、超长桩、超厚筏进行测试研究的长峰商城基础（主楼 60 层，裙房 10 层，框剪结构，高 238m，桩筏基础，主楼筏基厚 4.0～6.25m，$\varphi$850 长 72m 灌注桩）更为重要代表真正国际水平的任务，而该工程又比金茂大厦更为重要。

2004 年 7 月 4 日美国国庆节，在纽约被飞机撞毁的世界贸易中心的原址上，举行 1776 英尺（541.3m）高的自由大楼奠基（注：1776 年美国独立）；它是一块 20t 重、刻着

尊崇"不朽的自由精神"（The enduring spirit of freedom）的花岗石；该大楼预计 2008 年年底竣工，将成为世界高层建筑的第一高度。因此，对环球中心进行现场测试，更能引起世人的注目。

### 9.2.2　测试目的

上海环球金融中心是在已建成的台北 101 大楼以及将在 2008 年建成的美国自由大楼的情况下进行建造的，要求建成世界特级的超高层建筑，基础测试的成果也应是特级，因此，测试的目的为：

1）能及时利用测试数据进行预测，指导施工，防止可能发生的问题，保证安全施工。

2）能验证设计，为进一步改进基础设计提供可靠而优异的数据。

3）为类似工程的建设积累经验，将现场监测的结果与理论预测值相比较，指导以后类似工程的设计施工。

### 9.2.3　测试内容

主要对主楼基础进行测试，测试的内容包括：

1）沉降与桩顶反力关系；

2）桩顶的荷载分布规律（即角桩、边桩、巨型柱下桩、内部桩与中心桩的分配系数）；

3）桩筏的荷载分担关系；

4）筏板的刚度与层数关系；

5）层数变化对沉降、桩顶反力、桩筏荷载分担、筏板的刚度、筏板应力以及柱荷载分布的影响；

6）筏板内力的变化规律；

7）巨型柱和核心区靠近中心的柱的真正荷载与计算荷载关系；

8）地下水位的变化，水位与土压力的关系；

9）温度对筏板应力的影响。

## 9.3　测试方案

### 9.3.1　方案拟定的依据

当时，制定方案主要依据现行的规范标准：

（1）国家标准《建筑地基基础设计规范》GB 5007—2002；

（2）行业标准《建筑桩基技术规范》JGJ 94—94 [S]；

（3）国家标准《岩土工程勘察规范》GB 50021—2001；

（4）上海市标准《基坑工程设计规程》DBJ 08—61—97；

（5）上海市《地基基础设计规范》DGJ 08—11—1999；

（6）上海市标准《岩土工程勘察规范》DGJ 08—37—2002；

（7）行业标准《城市测量规范》CJJ 8—99；

（8）国家标准《精密工程测量规范》GB/T 15314—94；

（9）国家标准《工程测量规范》GB 50026—93；

（10）国家标准《自动化仪表工程施工及验收规范》GB 50093—2002；

（11）行业标准《孔隙水压力测试规程》CECS 55：93。

在设计本方案时，应考虑其可靠性、系统性、经济合理性。在设计时，尽量统一各测试仪器；在施工过程中进行连续测试，确保数据的连续性。方案设计中采用的测试手段都是已成熟的方法；测试中使用的测试仪器，尽可能选用国外性能的可靠元件，并均通过计量标定。选择测试方法时，在安全、可靠的前提下结合工程经验尽可能采用直观、简单、有效的方法。不仅如此，还应结合施工实际确定测试方法、测试元件的种类以及测试点的保护措施，并根据施工情况适当调整测试点的布设。

### 9.3.2 测点布置原则

1）考虑本工程的荷载比较均匀，因此，元件主要布置集中在左上角 1/4 处。对于关键地方，还考虑两种元件。例如，对于左上角的两个巨型柱，采用两组元件，每组元件能够分别测量钢管、钢筋和混凝土的受力，使数据更加完善。

2）考虑必要的元件储备，因为埋设元件的真正成活率约为 85% 以下，即使有的失效，也有安全储备，有利于保证测试的质量。

3）考虑部分垫层已施工的情况，元件布置尽量在未浇垫层的地方，有利于施工。

总的来说，从以上三点考虑测点的布置，是以期达到空间效应，控制全局，满足本工程的测试目的。

### 9.3.3 测试元件的选择及安装

1）土压力计

采用加拿大 ROCTEST 公司 TPC 压力盒及弦式传感器，如图 9-1 所示。

压力计为内部充满液体的密封盒，用管子与压力传感器连接。TPC 型压力计是由两片不同厚度的圆形或矩形薄板制成，圆周边沿有一个槽口，用以减小压力计的惯性，并减小径向应力的影响。TPC 型压力计一般其内部充填不含气体的油，但当压力计周围材料的弹性模量大于 $10000\text{kg/cm}^2$ 时，则在其内部填充水银。其主要特点是：长期稳定性

图 9-1 TPC 压力盒及其弦式传感器

好；压力测试范围大；不锈钢材料制成，耐腐蚀；三重防水（防水接头、树脂密封、穿透连接）。其技术规格见表 9-1。

| 压力计技术规格 | 表 9-1 |
|---|---|
| 型 号 | TPC |
| 量程范围（弦式传感器）（kPa） | 200～20000 |
| 腔壁 | 厚 |

续表

| 型　号 | TPC |
|---|---|
| 超载能力 | 量程的 200% |
| 材料 | 不锈钢 |
| 传感器形式 | 弦式 |
| 精度 | ±0.5% 全值 |
| 分辨率 | 0.1Hz（PALMETO VW） |
| 压力范围（kPa） | 0～20000 |
| 厚度（mm） | 6.3 |
| 圆形盒直径（mm） | 230 |

环球中心总荷载达 4400000kN，主楼净面积为 6200m²，根据上海地区高层建筑桩筏和桩箱基础的经验，并结合本工程的实际情况，可考虑筏板底部土分担 5%～10% 的荷载。因此，土压力计的最大量程选为 400kPa。

2）钢筋应力计

拟采用 IRHP 型钢筋应力计（ROCTEST），其传感元件是一个用高强钢材制成的中空钢筋，能保证安全装运。钢筋所承受的局部拉压应变，由同心安装的振弦传感器监测。直接测得的应变读数可以转换成轴向荷载，或者转换成混凝土的应变和应力。其特点是灵敏度和稳定性高，并可以监测温度变化，如图 9-2 所示，其技术规格见表 9-2。

Model IRCL

Model IRHP

图 9-2　IRHP 型钢筋应力计及其姊妹杆

**钢筋应力计技术规格**　　　　　　　　　　　　　表 9-2

| 标准规格钢筋长度 | 1m |
|---|---|
| 标准应变范围 | 3000 με |
| 精度 | ±1.0% F.S. |
| 分辨率 | 0.1Hz（PALMETO VW） |
| 工作温度 | −40～+66℃ |
| 附加配置 | 端部普通平头（标准）<br>端部 NC 螺纹丝扣（选项） |
| 电缆连接 | 简略电缆<br>防水接头 |
| 电缆 | IRC-41A：双绞屏蔽线，22AWG，外径 6.2mm，PVC 外皮<br>CP-455-SS：加强电缆，同轴不锈钢丝芯，直径 12.1mm |

将钢筋计安装到钢筋网上，可以用焊接安装方法，或者采用端头带螺纹的钢筋计进行丝扣安装。当然，也可以用普通或者特制适配器将它作为姊妹杆（IRCL 型）使用。

考虑到国产钢筋应力计也具有较好的质量，并能保证观测精度，同时与我国现有的钢筋规格、直径相符合，价格较低。因此，本方案也推荐采用国产钢筋应力计进行观测，以节约投资。JDGJJ 系列钢筋测力计在国内已经取得了广泛的运用，有较强的防水性能，分辨率及稳定性也能满足要求，能吻合国内钢筋的规格。在国外钢筋应力计不能准时到货的情况下或者是考虑节约投资，JDGJJ 系列钢筋测力计是很好的替代品，如图 9-3 所示。其技术参数见表 9-3。

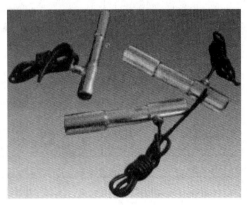

图 9-3　JDGJJ 系列钢筋测力计

钢筋测力计主要技术参数　　　　　　　　　　表 9-3

| 型　号 | JDGJJ-10 | | JDGJJ-11 | |
|---|---|---|---|---|
| 规格（mm） | $\phi$10、$\phi$12、$\phi$14、$\phi$18、$\phi$20、$\phi$25、$\phi$28、$\phi$30、$\phi$32、$\phi$36 等 | | | |
| 测量范围（MPa） | 最大拉应力 | 最大压应力 | 最大拉应力 | 最大压应力 |
| | 200 | 100 | 250 | 150 |
| 工作温度（℃） | $-25\sim60$ | | | |
| 测温精度（℃） | $\pm0.25$ | | | |
| 综合误差（%F.S.） | $\leqslant1.5$ | | $\leqslant1.0$ | |

环球基础底板的钢筋选用 $\varphi$28mm 和 $\varphi$32mm 两种。根据分析，筏板内钢筋的最大应力不会超过 20MPa；对于三级钢，其极限抗拉强度为 360MPa；因此，无论是选用国外还是国内产品，筏板内钢筋的最大应力值均不会超过钢筋应力计的最大有效量程。

3）桩顶反力传感器

根据设计资料，单桩承载力设计值达 5750kN，桩型为 $\phi$700mm 的钢管桩，反力传感器的外径应用与钢管桩的外径基本相同。选用这么大外径的反力传感器，根据经验，设计和施工都有不便之处。采用 SM-5 系列弦式应变计，用测应变的方法求应力。SM-5 型弦式应变计，如图 9-4 所示，它由一节管子连接两个端块组成，管内安装有一根经热处理的高抗拉强度钢丝，钢丝由固定在两端的两个 O 型圈密封在管内，电磁线圈安装在管子中部缩径处。可先将应变计置于安装支架上，再用六角

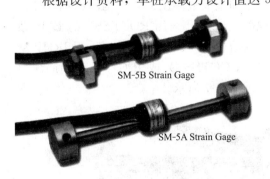

图 9-4　SM-5 系列弦式应变计

螺母固定。安装快速容易，可由技术员和电焊工就地电焊，如图 9-5 所示。其技术规格如表 9-4 所示。

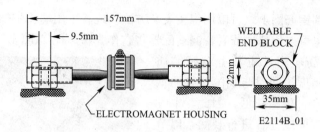

图 9-5  SM-5 型弦式应变计连接示意图

**SM-5 系列弦式应变计技术规格**                                                   表 9-4

| 型　号 | SM-5A | SM-5B |
|---|---|---|
| 量程 | 3000 μ$\varepsilon$ | |
| 分辨率 | 0.1Hz（PALMETO VW） | |
| 温度范围 | −50～60℃ | |
| 热感应电阻精度 | ±0.5％F.S. | |
| 仪器有效长度（mm） | 149 | 129 |
| 仪器常数 | 4.0624 | 4.0624 |
| 热敏电阻 | 类型：3kΩ（2kΩ 可选）<br>精度：±0.5％F.S. | |
| 电缆 | IRC-41A，4 芯，22AWG，屏蔽 | |
| 传感器长度（mm） | 149 | 129 |

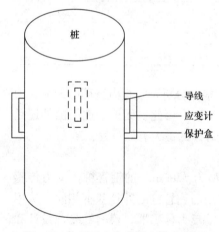

图 9-6  桩顶反力传感器安装示意图

本方案在钢管桩外表面取相等间距，在桩身焊接 3 个弦式表面应变计，然后，用保护盒把应变计保护起来，防止损坏，如图 9-6 所示。

4）巨型柱、墙反力传感器

考虑到巨型柱体积巨大，结构复杂，由钢筋、混凝土、钢管三种材料组成。每组传感器由一个钢筋应力计，一个混凝土应变计，一个表面应变计组成。可采用测量钢筋、混凝土和钢管的应力或应变，然后根据钢管和钢筋混凝土组合结构的原理计算柱的反力。混凝土应变计采用 ROCTEST 的 EM5 系列埋入式弦式应变计，钢筋应力计拟采用 IRHP 型钢筋应力计（ROCTEST）或 JDGJJ 系列钢筋测力计，表面应变计采用 SM-5 系列弦式表面应变计，如图 9-7 所示。

图 9-7  SM-5 系列应变计

EM-5 系列弦式应变计（表 9-5）直接埋入混凝土中，测量由应力变化而引起的应变。通过考虑温度补偿、蠕变以及化学反应的影响，可以评估混凝土内部的应力。其埋设简单，读数方便，并可以通过读数仪直接读数。

系列应变计技术规格 表 9-5

| 型 号 | EM-2，EM-5，EM-10 |
|---|---|
| 应变范围 | 3000 με |
| 分辨率 | 0.1Hz（PALMETO VW） |
| 温度范围 | −50～+60℃ |
| 热敏电阻 | 类型：3kΩ（2kΩ 可选）<br>精度：±0.5%F.S. |
| 应变计常数 | 4.062 |
| 法兰盘直径（cm） | 2.2 |
| 电缆 | IRC-41A，4 芯，22AWG，屏蔽 |

巨型柱内的混凝土为 C60，根据计算，其最大应变不会超过 100 με；考虑到 C60 混凝土达到强度峰值时的最大应变也不会超过 2000 με，因此混凝土应变计的最大量程选 3000 με是合适的。在巨型柱内，钢筋、混凝土、钢管三种材料的应变基本相同。因此，钢管上的表面应变计的最大量程选 3000 με也是合适的。巨型柱内的钢筋直径为 32mm，钢筋应力计的选用与基础筏板相同。

5）孔隙水压力计

本方案采用 ROCTEST 的 PWS 型孔隙水弦式渗压计。振动弦式传感元件固定在中空圆柱体两端之间，刚性圆柱体上焊接一个柔性膜片。振动弦由液体压力挤压固定，相当于将所有零件焊在一起，但完全不影响其弹性，如图 9-8 所示，技术规程见表 9-6。

PWS 型渗压计可以埋设在填土中以及土与混凝土的交界处，也可嵌入钻孔或小直径的管中。它由内部装有压力传感器和热感应电阻的小直径圆形保护管组成。当它安置在钻孔内时，需要密封；目的是在测量某特定地层的孔隙水压力时，把渗压计隔离在该地层中。渗压计四周通常回填过滤材料。

图 9-8 PWS 型渗压计

PWS 型渗压计技术规格 表 9-6

| | |
|---|---|
| 测量范围 | 0.1～70MPa |
| | 15～10000psi |
| 分辨率 | 0.1Hz.（PALMETO VW） |
| 精度 | ±0.5%F.S. |
| 温度飘移 | ±0.1%F.S./℃ |
| 最大超载 | 两倍量程范围 |
| 测量范围 | −40～65℃ |
| 精度 | ±0.5%F.S. |

埋设孔隙水压力计前，应在观测点处开挖一个深度约 1.0m、φ0.2m 孔隙水压力计埋设孔。本工程场地地下水位埋深 1.07m，筏板底部一般埋深为 19.05m，最深处达

图 9-9 TH-T 温度传感器

33.25m。因此，最大水压力不会超过 350kPa；如果再考虑其他复杂因素，孔隙水压力计的最大量程可选为 1.0MPa。

6）温度计

温度计由我们单独埋设，与施工单位要求不同，同步与有关元件进行测量。TH 温度传感器可监测岩体、混凝土、土体、砂浆和填方内的温度变化。TH-T 型温度传感器使用一个可以测量温度变化的特殊热敏电阻片。这个热敏电阻片用环氧树脂密封在圆形不锈钢空腔内，并用导线将热敏电阻片连接到读数仪。TH-T 温度传感器使用的热敏电阻片，是 Roctest 公司 SENSONIC 弦式传感器中的一种标准热敏电阻，如图 9-9 和图 9-10 所示，技术规格见表 9-7。

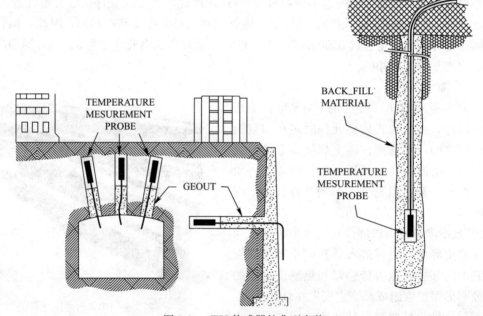

图 9-10 TH 传感器的典型安装

**TH-T 温度传感器技术规格** 表 9-7

| 型 号 | TH-T |
| --- | --- |
| 测量范围 | −50～150℃ |
| 精度 | ±0.5%F.S. |
| 分辨率 | 0.1℃ |
| 传感器 | 3kΩ 热敏电阻片 |
| 传感器外壳 | 外径 13mm 不锈钢 |
| 电缆 | 4 芯屏蔽电缆，22AWG，IRC-41A |

根据计算和经验，本工程底板中的混凝土因水化热所达到的温度不会超过 80℃，因此，温度传感器的最大量程可选为 150℃。

### 9.3.4  测试元件布置

1）沉降标——共 39 个沉降标

首先指出，沉降标是控制测试全局和信息化施工的主要依据，是测试的第一个重点。

埋设永久沉降标的位置：在内框与外框，以及内外两框对称轴的 25 个交点上布置沉降标；另外，为了反映基础板的边缘沉降，在内外两框的对称轴上基础板的边缘 4 点设置沉降标。为了与各桩测点相应，并且间接探索内部桩的受力，增加内部沉降测点，即再加 10 个测点，总共 39 个测点，沉降测点布置（略）。

2）钢筋应力计——12 个测点，共 48 个

对于 4m 以上的厚筏，国内外没有测试数据，因此，是第二个重点。

钢筋应力计布置集中在左上角 1/4 处，即沿着内外框的两个相互垂直和对角线布置，共 12 个测点，每个测点布置 4 个应力计，钢筋应力计共计 48 个，布置图（略）。

3）巨型柱和墙下反力传感器——8 个测点，22 个传感器

巨型柱和墙下荷载的测试，涉及设计荷载的真正传递，国外没有进行实测研究，我们在上海长峰商城桩筏基础的测试中第一次进行了该项测试（测试工作正在进行），是第三个重点。

在内外框左上角 2 个巨型柱下各埋设 2 组传感器，在内外框左下角 2 个巨型柱下各埋设 1 组传感器，以量测上部结构传至巨型柱的荷载，每组 3 个：表面应变计，钢筋应力计和混凝土应变计。另外，在内外框的中心部位埋设 2 组传感器，以量测上部结构传至内外两框底部的荷载，每组 2 个：钢筋应力计和混凝土应变计，布置图（略）。

4）桩顶反力传感器——共 11 个传感器

桩顶反力是测试的第四个重点，桩共有 $\phi700$、厚度 15～18mm 的钢管桩 1177 根，埋设桩顶传感器 11 个，约占总桩数 1%。

桩顶反力传感器布置集中在左上角 1/4 处，埋置桩顶传感器共 11 个。

5）土压力计——共 8 个

土压力计布置集中在左上角 1/4 处，在底板的桩间土埋置 8 个土压力计，布置图（略）。

6）温度计——2 个测点共 4 个温度计

在内外框的一个对角线上布置 2 组温度计，目的是分析温度对钢筋应力和传感器等的影响。每组 2 个，分别埋在靠近表面和板中，编号为 T1～T2，布置图（略）。

## 9.4  测试成功关键

首先要有一个完善的测试方案，在此前提下，测试成功与否取决于 6 个关键因素——元件质量、埋设技术、保护措施、测试水平、分析能力和预测分析。这是根据我们几十年来现场测试的经验和教训的总结。

1）元件质量。6 个关键是互相联系的，其中元件质量是关键和前提，首先有了元件质量的保证，才有好数据、好结果。否则，即使有高水平的分析能力，也无用武之地。一般来说，国产元件的稳定性与国外的有一定差距，但是，考虑本次埋设时间可能紧迫，国

外有的产品可能来不及供应，因此，应以国外为主，国内外结合。

2）埋设技术。有了好质量的元件，还要视不同的元件，有不同的严格埋设规定，埋设人员必须认真执行，按照制定元件布置图（包括电线和集装箱）进行操作，见流程图 9-11。尽管测试人员均有不同的埋设经验，在埋设元件前，仍需在测试经验丰富的教授和专家指导下，进行预埋练习，然后正式埋设，以保证埋设质量。

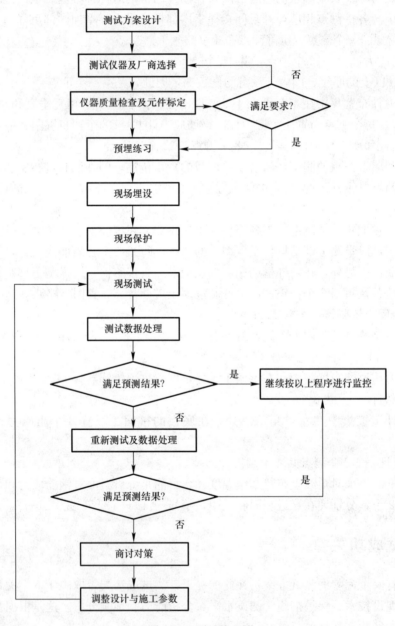

图 9-11　测试流程图

在埋设国外产品时，有产品商派专人协助埋设，更加保证埋设质量。

3）保护措施。也是一个关键，保护措施的成功与否取决于施工单位和埋设方是否紧密配合和高度重视。观测点的埋设进程要配合施工进度，在开挖结束、底板钢筋绑扎阶段、底板浇筑后等阶段埋设好相应的设备，并设有专人值班。要求施工单位在施工现场有专人负责、密切配合，直至把所有电线集中到专用房的集装箱为止。

4）测试水平。测试水平的高低直接影响测试的结果，我们运用自己独特的程序和软件以及测试经验，及时检验测试数据的正确性，当发现有异常，立刻重测，得到可靠的数据。

要强调，在测试过程中，水化热对测试数据的影响是一个重要的问题，我们有丰富的经验来确定。

5）分析能力。我们已经对本工程进行桩筏基础性状的预测，见表 9-8，对本工程的基础性状有了较全面的了解。这样，再通过各个测试阶段的各项测试数据，互相校对，方能够预测下阶段的性状，指导施工，避免和防止不必要的问题发生，并保证施工安全，顺利竣工。

6）预测分析

赵锡宏、龚剑、袁聚云和艾智勇等人对上海环球金融中心基础的沉降、桩顶反力、筏板应力和桩筏荷载分担等基础性状进行预测分析（表 9-8）。

环球基础性状预估　　　　　　　　　　表 9-8

| 高度（m）492.0 | 筏厚（m）4.5 | 桩数1177 | 单桩平均荷载不考虑浮力（kN）3738 | 综合分析沉降不考虑浮力（mm）107～132 | 桩顶最大反力不考虑浮力（kN）5650 | 桩分担考虑60%浮力（%） | 筏分担考虑60%浮力（%） | 筏板应力（kPa） |
|---|---|---|---|---|---|---|---|---|
| 基础面积（m²）6200 | 荷载（kN）4400000 | 基底压力（kN/m²）7097 | 考虑浮力60%（kN）3221 | 考虑浮力60%（mm）81 | 考虑浮力60%（kN）4800 | 78 | 8 | −3800 |

现场测试数据证明预测结果是比较合理的。

## 9.5 一些体会

1）难忘的点滴回忆

1974 年仍处所谓"文化革命"的年代，中国建筑科学研究院地基所钱力航同志，上海民用建筑设计院方思敏等同志，上海市政设计院黄绍铭等同志和同济大学上部结构与地基基础共同作用研究组张问清、赵锡宏、朱百里和魏道垛等同志首次在上海康乐路 12 层大楼，埋深约 6m 的箱形基础进行基础的现场试验，在当年的工作条件下进行测试，从测试元件、设备、埋设、测试到整理计算工作，都是亲自动手，其艰苦程度可想而知。继而在上海华盛路 12～13 层大楼，埋深约 6m 的箱形基础进行基础的现场试验。那时，一些元件和设备放置很分散，难以忘怀的是要自己骑黄鱼车运输。两次都是魏道垛和赵锡宏两同志先后从近五角场的四平路和乌鲁木齐路两次轮流骑黄鱼车运到华盛路工地，更为危险的是魏道垛同志扛着约 3m 长直径约 12cm 的钢管站在脚手架上放进 6m 深的底板钻孔中，进行深埋沉降的测量，当时赵锡宏同志在旁边扶着，魏道垛同志摇摇摆摆放进，险些掉进钢筋笼中。在胸科医院 12～13 层大楼，埋深约 6m 的箱形基础进行基础的现场试验。元件和设备放置很分散，需要自己骑三轮车运往工地；许惟阳总工和赵锡宏睡在工地，时值寒冬腊月，凌晨 3 时，许惟阳总工和赵锡宏同志抬着长 6～7m 的钢筋，慢慢地从地面抬着行走 6m 深的基坑，小心翼翼放到底板上，测量钢筋应力，此情此景，犹在目前。在四平路大楼，是同济大学上部结构与地基基础共同作用研究组独自进行测试，是三幢紧密相连的 12 层大楼。也是埋深约 6m 的箱形基础。因为独自测试，所幸已有经验，又靠近同济大学。但工作艰苦性不亚于前三幢，正逢炎夏，在 40℃ 以上的基坑底进行埋设和测试，杨伟方和赵锡宏两人深尝汗流浃背之味。这些情景充分体现中华儿女为科学而献身的精神。

就是这四幢大楼的箱形基础测试成果，不但为编制我国第一本高层建筑箱形基础规范和上海地基基础规范作出贡献，而且锻炼了参加者理论联系实践的能力，为高层建筑与地基基础共同作用理论与方法研究奠定扎实的基础；运用这些宝贵成果，培养第一批优秀人才。

1986 年间同济大学上部结构与地基基础共同作用研究组勇于承担上海建委的"上海高层建筑厚筏与桩筏基础设计理论"课题，期限三年，因此，必须对上海贸海宾馆（现为兰生宾馆）桩筏基础、上海大连路消防大楼的桩箱基础和上海彰武大楼的桩箱基础同时进行测试，更重要的是对设计理论进行研究。很幸运，该组已拥有 4 位年轻力壮的博士生和硕士生。三年任务提前一年完成，得到国际领先水平的评价，对我组同仁是莫大的鼓舞。

20 世纪 90 年代，上海高层建筑基坑工程在浦东飞跃发展，我组的任务更加繁重，主要承担调查研究基坑工程的施工经验与教训。

20 世纪 90 年代后期～21 世纪，上海超高层建筑飞跃发展，我组要结合现场测试和理论研究，培养更多人才，以对金茂大厦、恒隆广场、长峰商场、廖创兴金融中心、上海越江隧道浦东 30.4m 的深基坑、浦西世界第二亚洲第一的干坞、环球中心和 121 层上海中心大厦等工程做出应有贡献。

2）经验与教训

20 世纪的现场试验研究能够顺利地完成，元件和设备不受破坏，其中一个重要原因，就是得到现场施工单位的支持和密切配合；进入 21 世纪的现场试验研究，为什么在现场屡次遭受破坏，在环球中心，即将有所突破成果的关键时刻，测试元件等受到毁灭，资金遭受很大的损失，测试研究人员承受无比的苦难前功尽弃，让人值得深思。

## 9.6　难忘的照片

2004 年 12 月 17 日晚现场测试准备，次日凌晨开始埋设，一些现场照片见图 9-12～图 9-27。

图 9-12　2004 年 12 月 17 日晚在现场（一）
（周虹副总和赵锡宏教授）

图 9-13　2004 年 12 月 17 日晚在现场（二）
（测试仪器公司代表和袁聚云教授）

图 9-14　2005 年 1 月 20 日（三）

（现场埋设前）计算钢管桩桩顶附近的最大应变不会

超过 1000 $\mu\varepsilon$选表面应变计的最大量程 3000 $\mu\varepsilon$

图 9-15　2005 年 1 月 29 日（室内试验）

为更加准确地计算钢管桩的桩顶反力，从现场取回 1-2m 的钢

管桩试样，进行应力－应变性能试验，并与产品的出厂性能

相对比（上海中浦勘查技术研究所所长刘航在检验）

图 9-16 测试前约 50 天的基坑一角（2004-10-26）

图 9-17 2004 年 12 月 29 日在现场

图 9-18　2005 年 6 月 16 日（艾智勇教授，袁聚云教授和袁家余总工）

图 9-19　2004 年 12 月 31 日（一）

（基坑一角）

图 9-20　2004 年 12 月 31 日（二）

图 9-21　2004 年 12 月 31 日（三）

图 9-22  袁家余总工在现场整理工作

图 9-23  埋设前检验工程师检验钢筋计并测量初始读数

图 9-24　指导桩顶混凝土压力计的埋设要领

图 9-25　桩顶混凝土压力计埋设前在压力膜表面涂抹黄油

图 9-26　埋设完成后的桩顶混凝土压力计

图 9-27　对埋设好的桩顶混凝土压力计进行布线、维护

# 后　　记

当核对书稿即将脱稿之际，面对厚实的文字成果，回首本书问世的艰苦过程，顿感思绪万千，盈眶欲泪。它凝聚着同济大学高层建筑与地基基础共同作用课题组同仁以及弟子们从 20 世纪 70 年代以来所积累的心血汗水和辛勤劳动的结果；它凝聚着国内前辈学者的热情指导与关怀；也体现着诸多同事和友人热情的合作与帮助所付出的无私奉献；它是集体的研究成果。

本书把地基变形、基底土压力，桩顶反力，基础钢筋应力，地下水等地基土体和基础结构诸元素融合在一起，进行综合梳理、分析其间的相互影响与作用，并将该思路贯穿于全书，其结果在分别凸显上述诸元素的工程响应的同时，也形象地表达上部结构刚度的贡献与有限性。

在这里，需要感谢诸多在现场实施测试的同志，特别要感谢为上海 88 层金茂大厦沉降测量作出贡献的上海中船勘测设计院的朋友们；还有，曾经为 66 层的恒隆广场、101 层上海环球金融中心以及 121 层上海中心大厦的现场测试而辛勤工作的同行朋友。他们提供确切有效的实测数据，以无争辩的论据有力地支持论证超高层厚筏基础仍是一种弹性体表现的重要论断，他们为这一理论创新作出应有的贡献。

本书的第 6 章关于浮力的研究过程和第 9 章的测试的点滴体会都将铭记着为从事现场测试工作而付出辛勤劳动的中华儿女为科学献身的精神。

本书所汇总的资料，奉献给我的业界同行，期盼得到更大的发扬，锻造出更多的创新成果，继续为国争光。

赵锡宏

2014 年 5 月于上海